PyTorch开发入门：

深度学习模型的构建与程序实现

[日] 杜世桥 著
杨秋香 陈晨 等译

机械工业出版社
CHINA MACHINE PRESS

本书以PyTorch为主要内容，介绍了其安装和实际应用，共7章。其中，第1章介绍了PyTorch的包结构；第2章介绍了线性模型，并通过PyTorch的实际使用来实现线性回归模型和逻辑回归模型；第3章介绍了神经网络，实际使用PyTorch创建一个多层感知器（Perceptron）；第4章介绍了通过卷积神经网络（CNN）进行的图像处理，通过PyTorch实际进行CNN的图像分类，低分辨率图像到高分辨率的转换，使用深度卷积生成对抗网络（DCGAN）进行新的图像生成以及迁移学习；第5章介绍了通过循环神经网络（RNN）进行的自然语言处理，通过PyTorch实际进行文本的分类和文本的生成以及基于编码器-解码器模型的机器翻译；第6章介绍了矩阵分解以及推荐系统的神经网络构建；第7章介绍了PyTorch模型的应用程序嵌入，WebAPI的实际创建，Docker的打包发布，以及基于最新开放神经网络交换（ONNX）标准的模型移植。

本书适合人工智能、机器学习相关专业领域的技术人员和爱好者阅读参考。

图书在版编目（CIP）数据

PyTorch开发入门：深度学习模型的构建与程序实现 /（日）杜世桥著；杨秋香等译. —北京：机械工业出版社，2022.3

ISBN 978-7-111-70055-5

Ⅰ. ①P…　Ⅱ. ①杜… ②杨…　Ⅲ. ①机器学习　Ⅳ. ①TP181

中国版本图书馆CIP数据核字 (2022) 第013299号

机械工业出版社（北京市百万庄大街22号　邮政编码100037）

策划编辑：任　鑫　　　　责任编辑：任　鑫　闫洪庆

责任校对：张亚楠　刘雅娜　封面设计：马精明

责任印制：单爱军

河北鑫兆源印刷有限公司印刷

2022年3月第1版第1次印刷

184mm × 240mm · 13印张 · 287千字

标准书号：ISBN 978-7-111-70055-5

定价：79.00元

电话服务	网络服务
客服电话：010-88361066	机　工　官　网：www.cmpbook.com
010-88379833	机　工　官　博：weibo.com/cmp1952
010-68326294	金　　书　　网：www.golden-book.com
封底无防伪标均为盗版	机工教育服务网：www.cmpedu.com

FOREWORD 译者序

深度学习是机器学习研究中的一个活跃领域，其目的在于建立模拟人脑进行分析学习的神经网络，模仿人脑的机制来解释诸如图像、声音和文本之类的数据。深度学习的概念源于人工神经网络的研究，深度学习结构含有多隐藏层的多层感知器，通过低层特征的组合形成更加抽象的高层表示属性类别或特征，以发现数据的分布特征表示。由于其强大的功能，良好的适应性，以及其结构的相对规整和易构性，目前在数据分析、图像及语音识别、趋势预测、机器翻译、机器博弈等众多领域得到了广泛应用，并取得了令人瞩目的表现。

在当今的人工智能时代，相关领域的研究人员对以人工神经网络为基础的机器学习，特别是深度学习，展开了丰富的理论研究，先后取得了许多令人瞩目的成果。与此同时，人工智能的技术人员以及各大著名 IT 企业也展开了深入的研究和技术开发，先后出现了众多的机器学习平台，比较著名的有 Google 公司的 TensorFlow、Keras，Facebook 公司的 PyTorch、Caffe2，Microsoft 公司的 CNTK 以及 Amazon 公司赞助开发的 MXNet 等平台。

PyTorch 是一个开源的 Python 机器学习库，也是一个著名的机器学习平台，2017 年 1 月由 Facebook 人工智能研究院（FAIR）基于 Torch 推出，广泛应用于图像识别和自然语言处理等领域。该平台是一个基于 Python 的科学计算包，具有强大的 GPU 加速的张量计算（如 NumPy）和包含自动微分功能的深度神经网络两大先进功能，从而使其具有易于使用、代码简洁高效、训练快速等良好特点，广泛应用于人工神经网络的构建和优化训练中。除此之外，PyTorch 还支持开放神经网络交换（ONNX）标准，致力于 AI 模型开放生态环境的建立，为人工神经网络的移植、部署发布以及 WebAPI 的应用带来了极大的方便。

正是基于以上这些优良特性，本书以 PyTorch 为主要内容，介绍其安装和实际应用，共 7 章。其中，第 1 章介绍了 PyTorch 的包结构；第 2 章介绍了线性模型，并通过 PyTorch 的实际使用来实现线性回归模型和逻辑回归模型；第 3 章介绍了神经网络，实际使用 PyTorch 创建一个多层感知器（Perceptron）；第 4 章介绍了通过卷积神经网络（CNN）进行的图像处理，通过 PyTorch 实际进行 CNN 的图像分类，低分辨率图像到高分辨率的转换，使用深度卷积生成对抗网络（DCGAN）进行新的图像生成以及迁移学习；第 5 章介绍了通过循环神经网络（RNN）进行的自然语言处理，通过 PyTorch 实际进行文本的分类和文本的生成以及基于编码器 - 解码器模型的机器翻译；第 6 章介绍了矩阵分解以及推荐系统的神经网络构建；第 7 章介绍了 PyTorch 模型的应用程序嵌入，WebAPI 的实际创建，Docker 的打包发布，以及基于最新 ONNX 标准的模型移植。

通过本书，读者可以很快学会 PyTorch 人工神经网络平台的搭建，并在初步了解神经网络基本原理的基础上着手进行线性回归、逻辑回归以及多层感知器深度机器学习模型的构建，快速进行机器学习实践以及通过 Python 进行模型构建与训练。更进一步地，可以通过本书进行 CNN、RNN 以及基于矩阵分解的推荐系统神经网络的构建和训练，从而掌握诸如图像识别、文本分类与机器翻译等典型机器学习问题的解决方案。除此之外，通过本书还可以学习和掌握神经网络模型的 WebAPI 发布和部署，以及基于最新 ONNX 标准进行模型移植的高阶应用。

总之，尽管本书的宗旨不在于深度机器学习理论的介绍，但也给出了相关的理论基础和相关问题的完整信息，使得本书在注重实践性的前提下，保证了读者学习的完整性。书中给出的深度神经网络的构建方法、数据集的处理以及网络训练的实施力图详尽，并给出了详细的代码，对读者进行深度神经网络的实际开发和应用具有较高的指导和参考价值。对于一个初学者来说，本书的意义在于通过详细的实施过程，使得读者能够对相应的理论和模型有透彻的理解，这对理论学习非常重要。对于具有较好的理论基础的读者来说，本书的意义在于通过本书的内容，使得读者能够直观地观察到相应模型的表现，这对模型的改进以及理论的创新是具有启发性的。

本书由杨秋香、陈晨等翻译，其中，原书前言、阅读本书需要的知识基础、本书的构成、关于本书样例和样例程序的运行环境以及第 0 ~ 4 章由杨秋香翻译，第 5 ~ 7 章以及附录 A、附录 B 由陈晨翻译。刘泊、吕洁华、贾丽娟、代德伟、徐倩、赵海霞、徐速、田皓元、张维波、张宏、孙宏参与了本书的翻译工作。全书由王卫兵统稿，并最终定稿。在本书的翻译过程中，全体翻译人员为了尽可能准确地翻译原书的内容，对书中的相关内容进行了大量的查证和佐证分析，以求做到准确无误。

由于时间仓促，加之水平有限，翻译中的不妥和失误之处在所难免，望广大读者予以批评指正。

译　者

PREFACE 原书前言

深度学习（Deep Learning）和神经网络是机器学习，特别是计算机视觉（Computer Vision，CV）和自然语言处理（Natural Language Processing，NLP）、语音识别等应用领域最热门的话题。我敢肯定，即使不在IT领域，也有许多读者都听说过这些术语。特别是近年来，它已与AI（人工智能）等关键词关联在一起，尽管有点夸张，但它的热度似乎正在迅速增加。

当我对深度学习和神经网络感兴趣并想亲自尝试时，感到自己与那些夸张的图像和充满实际数学公式的世界之间存在着巨大的鸿沟，一时不知道该从哪里下手。这样的情形，我认为有很多人也不知道该怎么办。

本书从作为神经网络基础的线性模型开始，介绍和学习包括神经网络在内的随机模型的基本原理。其次使用PyTorch，自己动手进行了一个实际程序的创建，以加深对基本原理的理解。

除了线性模型这个非常重要的基础部分以外，全书力图不使用过多的数学公式，而是尝试使用直观的示例进行解释。以简单的数字识别、图像分类、文本分类与生成、翻译和推荐为例，通过各种应用程序来了解数据的使用及其发生的实际变化。关于这一点，我正是通过各种具体的设计，来使你感受到。

本书使用PyTorch这一Python框架。Python是一种编程语言，长期以来一直是数据科学领域中使用最多的语言，深度学习也是如此。

作为深度学习的Python程序库，TensorFlow是主要由Google公司开发的框架，是最著名的深度学习Python库。但也有一种观点认为，初学者很难适应其大量使用符号的编程风格。另一方面，PyTorch是一个主要由Facebook公司开发的开源项目，它采用一种称为动态网络的机制，可以像普通的Python程序一样轻松地进行神经网络的构建，因此也得到了广泛的支持和迅速的推广。特别是由于广大研究人员的强力支持，使得最新的研究成果立即在PyTorch中实施并在GitHub上发布已变得司空见惯。尽管日语信息的应用很少，但是PyTorch简单易用，最新的研究成果可以立即使用，因此对于那些想要学习深度学习并将其作为职业技能的人来说，这是一个最佳的框架。

我希望读者通过本书的学习，能够对神经网络、深度学习或机器学习产生兴趣，并可以在自己的工作中真正使用这些技术。

杜世桥

2018年9月

阅读本书需要的知识基础

本书面向对神经网络和深度学习了解不多，但“感兴趣并想知道自己可以使用的东西”和“想真正地自己动手”的读者。在阅读本书时，假定读者具有以下的知识基础。

- 基本的 Linux 的操作
- 基本的 Python 程序设计经验
- 函数和微分、向量和矩阵乘法等初等数学知识
- （最好具有）NumPy 的使用经验
- （最好具有）在云上创建虚拟机的经验

可以在以下网站上找到 PyTorch（参见要点提示）的官方网站、教程和文档。通过网站提供的文档能够获取和确认本书中出现的 PyTorch 功能的详细参数和配置。另外，通过阅读网站提供的教程能够更好地加深对本书的理解，因此无论如何也请通览一下。

- **PyTorch 官方网站**
  网址 http://pytorch.org/

- **PyTorch 教程**
  网址 http://pytorch.org/tutorials/

- **PyTorch 文档**
  网址 http://pytorch.org/docs/

要点提示

PyTorch

在深度学习开始普及的早期，有一个名为 Torch 的框架可以通过 Lua（一种脚本语言）来使用。PyTorch 所使用的后端（back-end）代码与该 Torch 框架的代码完全相同，但是如果你实际上没有接触过 Torch，那也完全没有问题。

本书的构成

本书可以分为上半部分（第 1～3 章）和下半部分（第 4～7 章）。

在第 1 章中，我们将概述 PyTorch 的包结构，大致了解其组成内容，并实际接触 PyTorch 最基本的数据结构 Tensor。

第 2 章介绍线性模型。学习线性模型的结构非常重要，因为它可以以完全相同的方式用于神经网络。这是本书中唯一含有使用数学公式解释该理论的内容。在下半部分中，我们通过 PyTorch 的实际使用来实现线性回归模型和逻辑回归模型，并根据实际数据来进行模型的训练和参数的学习。

在第 3 章中，将进行神经网络的介绍。在这里，我们将实际使用 PyTorch 创建一个多层感知器（Perceptron），这也是一个最基本的神经网络。在第 2 章和第 3 章中学到的知识将成为接下来的第 4 章、第 5 章和第 6 章的学习基础。

第 4 章介绍使用卷积神经网络（Convolutional Neural Network，CNN）进行的图像处理。在此我们将创建一个程序，该程序不仅可以使用 CNN 对简单图像进行分类，还可以将低分辨率图像转换为高分辨率图像，或者使用深度卷积生成对抗网络（Deep Convolutional Generative Adversarial Network，DCGAN）来进行新的图像的生成。除此之外，我们还将展示如何将预先在不同数据集（data set）中训练过的模型很好地转移到自己的数据集上，也就是我们所说的迁移学习。

第 5 章介绍使用循环神经网络（Recurrent Neural Network，RNN）进行的自然语言处理。除了使用 RNN 进行文本的分类和文本的生成之外，我们还将使用结合了两个 RNN 的编码器 - 解码器模型挑战英语和西班牙语的翻译。

第 6 章介绍使用神经网络构建推荐系统（Recommendation System）的过程。除了图像和自然语言处理等典型应用外，我们还将看到神经网络还可以应用于其他的各个领域，同时，PyTorch 本身也可以描述神经网络以外的各种模型。

第 7 章将展示如何将 PyTorch 嵌入到实际的应用程序中。Python 的优点之一是，它在机器学习和 Web 领域都有大量的程序库。在这里，将学习如何使用 PyTorch 和 Flask（一个 Web 应用程序框架）进行 WebAPI 的实际创建，以及如何引用和使用 Docker（参见要点提示）将其打包。我们还将展示如何在其他深度学习框架中使用通过 PyTorch 创建的模型，该模型使用神经网络的最新开放神经网络交换（Open Neural Network Exchange，ONNX）标准。

要点提示

Docker

Docker 是基于容器的虚拟化技术中最常用的工具。容器型虚拟环境与 VirtualBox

和 VMware 相比，具有启动、内存、磁盘和处理速度等所有方面的开销都非常小的优点。

此外，由于可以使用名为 Dockerfile 的文本文件管理 Docker 图像的创建，因此还有一个优点，就是可以在 GitHub 等上能够轻松地进行共享。

Docker 通过一些非常简单的命令来实现容器的使用，从而使得容器的使用变得简单。本书的第 7 章介绍了如何使用 Docker 来进行 WebAPI 的打包。

读者可以首先阅读本书的第 1 ~ 3 章，然后再根据自己的兴趣自行确定第 4 ~ 7 章的阅读顺序。在第 7 章中，仅仅使用了第 4 章中创建的模型，但不需要第 4 章的其他任何知识。

再者，本书中所使用的数据以及模型均为作者独自收集和训练的数据和模型，且将在 GitHub 存储库中发布。

关于本书样例和样例程序的运行环境

本书的各章样例和样例程序的运行环境见表 1，经实际验证，样例和样例程序的运行没有问题。

表 1 运行环境

项　目	内　容
OS	Ubuntu 16.04
CPU	Intel Core i7 7700K
内存	16GB
GPU	NVIDIA GeForce GTX 1060（6GB）
Python	3.6
PyTorch	0.4
开发环境	Miniconda3

可以从网址 https://www.shoeisha.co.jp/book/download/9784798157184 下载本书中描述的样例代码。

CONTENTS 目 录

第0章

0 开发环境的准备

本章将介绍本书的计算机验证环境以及开发所需软件的安装。

0.1 本书的验证环境

在此，我们将介绍本书的验证环境。

0 1 2 3 4 5 6 7 A B 开发环境的准备

0.1.1 OS 环境：Ubuntu 16.04

作者使用 Ubuntu 16.04 对本书的内容进行了验证和撰写。

不仅是 PyTorch，在处理机器学习和数据分析时，作者认为 Ubuntu 是最好的验证环境，所以基本上以 Ubuntu 16.04 为前提进行验证和撰写。

另外，PyTorch 从 v0.4 开始也支持 Windows 系统。使用 Windows 和 macOS 时，安装的方法和 Ubuntu 基本相同。如后面介绍的那样，使用 Miniconda 也会很方便。由于在 Docker Hub 上发布了以下 Docker 的相关图片，所以要想轻松进行尝试的话，可以通过以下网址进行下载和查看。

- Docker Hub
  网址 https://hub.docker.com/r/lucidfrontier45/pytorch/

0.1.2 NVIDIA 公司的 GPU

另外，第 4 ~ 6 章的内容含有大量的计算，因此需要能使用 CUDA（参见要点提示）的 NVIDIA 公司的 GPU（图形处理器）。当然也可以使用 CPU 进行，只是可能需要最多 10 倍的计算时间，所以在此推荐使用 GPU。作者使用的是一款名为 GeForce GTX 1060（6GB）的 GPU，3 万日元左右（2018 年 8 月）就能购买到。

要点提示

CUDA

CUDA 是 NVIDIA 公司提供的 GPU 用的科学计算平台，由专用的编译器和程序库构成。CUDA 不仅可以用 C 语言进行编程，还具有丰富的程序库，如矩阵计算和 FFT（Fast Fourier Transform，快速傅里叶变换）等经常使用的程序库。近年来也提供了 cuDNN 这种用于深度学习的程序库，著名的深度学习框架均支持 CUDA。

0.1.3 在云端启动 GPU 配置的实例

如果你的计算机实在配置不了 GPU，那么可以在 AWS（Amazon Web Services，亚马逊 Web 服务）、Azure、GCP（Google Cloud Platform，谷歌云端平台）等云端启动 GPU 配置。

其费用大概为 1 美元 / h，因此也在可以轻松试用的范围之内。另外，由于实际安装的 PyTorch 已经包含了 CUDA 软件包，所以只需要安装 NVIDIA 的驱动程序即可以进行 GPU 的使用。采用 Linux apt-get 等命令可实现 nvidia-<version> 软件包的安装。在此，作者采用的是 nvidia-384 软件包，并进行了验证。

以作者的运行环境为例，转移至控制台模式后执行了以下命令。

[Ubuntu 终端]

```
$ sudo apt-get install nvidia-384
$ sudo reboot
```

可通过以下命令来确认已安装的驱动程序。

[Ubuntu 终端]

```
$ nvidia-smi
Sat Aug  4 22:51:00 2018
+-----------------------------------------------------------------------➡
-----------------------+
| NVIDIA-SMI 384.130                    Driver Version: ➡
384.130                    |
|-------------------------------+----------------------➡
+----------------------+
| GPU  Name        Persistence-M| Bus-Id        Disp.A ➡
| Volatile Uncorr. ECC |
| Fan  Temp  Perf  Pwr:Usage/Cap|         Memory-Usage ➡
| GPU-Util  Compute M. |
|===============================+======================➡
+======================|
|   0  GeForce GTX 106...  Off  | 00000000:01:00.0  On ➡
|                  N/A |
| 35%   31C    P8    ERR! /  75W |    283MiB /  4035MiB ➡
|      0%      Default |
+-------------------------------+----------------------➡
+----------------------+
(…略…)
```

0.2 开发环境的构建

在此，将介绍本书所采用的开发环境的构建方法。

0
1
2
3
4
5
6
7
A
B
开发环境的准备

0.2.1 Miniconda 的安装

对于 Python 的开发环境，在此使用的是被称为 Miniconda 的发行版。从下面的网址可以下载适用于 Linux 的 64 位 Python 3.6 或更高的版本。在此，我们下载的是“Miniconda3-latest-Linux-x86_64.sh”，如图 0.1、图 0.2 ❶❷和图 0.3 所示。

- Miniconda
  网址 https://conda.io/miniconda.html

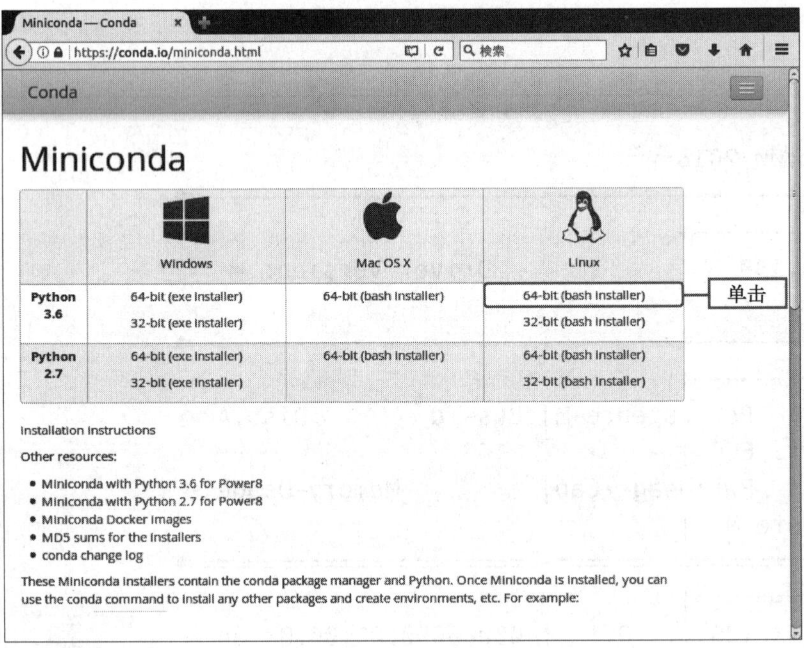

图 0.1 Miniconda 的网站

下载文件后启动终端，执行了以下指令。

[Ubuntu终端]

```
$ cd /home/（用户名）/（下载目录） ——转移到下载目录
$ sh Miniconda3-latest-Linux-x86_64.sh ——下载程序的执行
```

```
Irder to continue the installation process, ➡
please review the licenseagreement.
Please, press ENTER to continue.
```
按下键盘上的 Enter 键继续

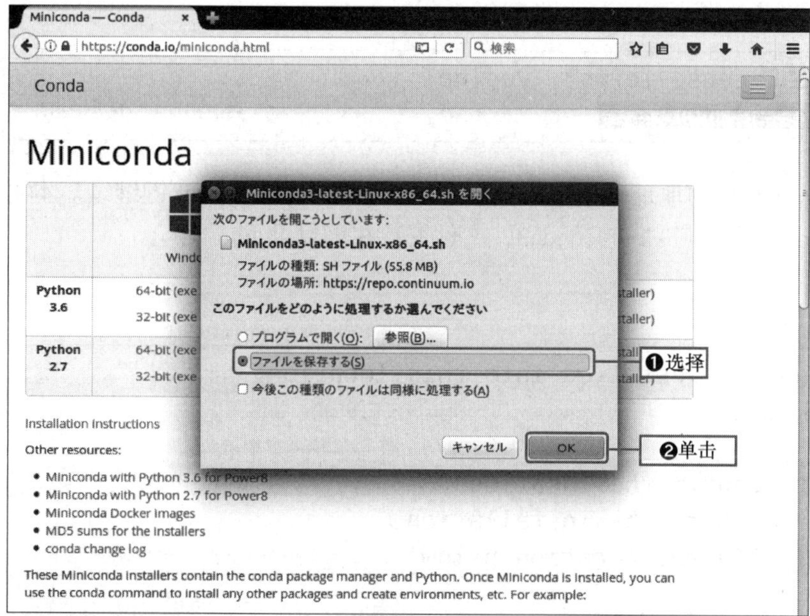

图 0.2 Miniconda 的下载（此画面后的保存画面省略）

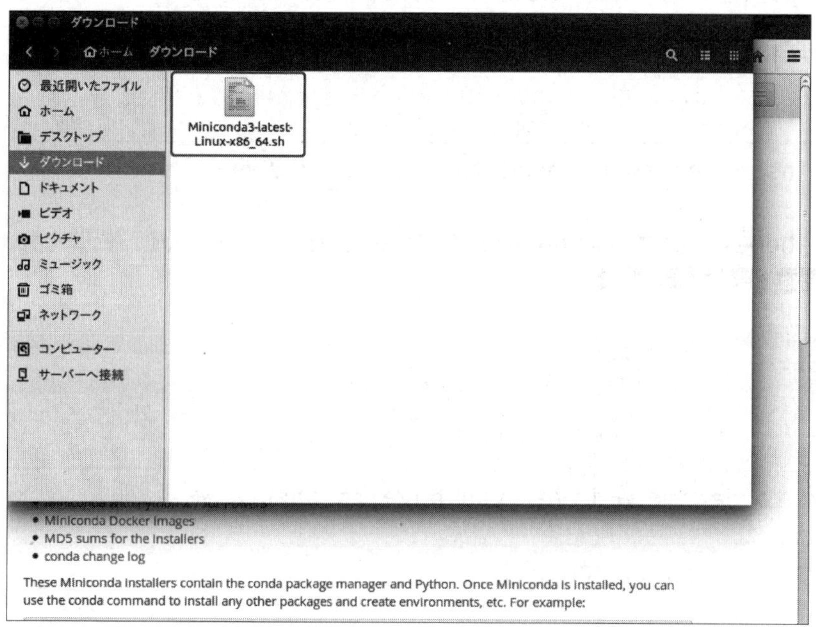

图 0.3 下载文件的确认

然后，软件版权的许可协议将显示在标记为“More”的位置。此时，可以通过按下键盘上的Space键进行继续阅读。

如果接受该软件版权的许可协议，请按如下所示，输入“yes”，然后按Enter键继续。

[Ubuntu终端]

```
Do you accept the license terms? [yes|no]
[no] >>> ——输入yes，按Enter键继续
```

随后显示的是确认安装目的地址的消息，如果不需要更改，请按Enter键继续。本书的安装目的地址为/home/(用户名)/miniconda3，文件安装在该目录下。

[Ubuntu终端]

```
Miniconda3 will now be installed into this location:
/home/（用户名）/miniconda3

  - Press ENTER to confirm the location
  - Press CTRL-C to abort the installation
  - Or specify a different location below

[/home/（用户名）/miniconda3] >>> ——按Enter键继续
```

接下来会显示如下的消息，询问是否要通过该指定路径进行安装。此时输入“yes”，然后按Enter键继续。

[Ubuntu终端]

```
Do you wish the installer to prepend the Miniconda3 ➡
install location
to PATH in your /home/（用户名）/.bashrc ? [yes|no]
[no] >>> ——输入yes，按Enter键继续
```

安装完成后，使用exit命令关闭终端。

[Ubuntu终端]

```
 For this change to become active, you have to open a ➡
new terminal.
Thank you for installing Miniconda3!
$ exit
```

0.2.2 虚拟环境的构建

通过使用 Miniconda 可以为每个项目构建一个虚拟环境。

具体来说，按顺序采用以下指令，可以构建一个用于 PyTorch 的虚拟环境。另外，本书采用 PyTorch v0.4 进行验证运行。

首先采用以下指令来构建一个用于 PyTorch 的虚拟环境。

[Ubuntu终端]

```
$ /home/（用户名）/miniconda3/bin/conda create -n ➡
pytorch python=3.6
Proceed ([y]/n)? ——输入 y，按 Enter 键继续
Downloading and Extracting Packages
sqlite-3.24.0        |  1.8 MB | ############################ | 100%
openssl-1.0.2o       |  3.4 MB | ############################ | 100%
python-3.6.6         | 29.4 MB | ############################ | 100%
Preparing transaction: done
Verifying transaction: done
Executing transaction: done
#
# 启用这个环境，使用：
# > source activate pytorch
#
# 停用这个环境，使用：
# > source deactivate
#
```

然后，使用以下指令来启动该 PyTorch 虚拟环境。

[Ubuntu终端]

```
$ source /home/（用户名）/miniconda3/bin/activate pytorch
(pytorch) $
```

按照以下指令和步骤进行常用数据分析库的安装，如 pandas、jupyter、matplotlib、scipy、scikit-learn、pillow、tqdm、cython 等。

[Ubuntu终端]

```
(pytorch) $ conda install pandas jupyter matplotlib \
> scipy scikit-learn \
> pillow tqdm cython
```

```
Proceed ([y]/n)? ——输入 y，按 Enter 键继续
(…略…)
Preparing transaction: done
Verifying transaction: done
Executing transaction: done
```

接下来采用以下指令进行 PyTorch v0.4 的安装。

[Ubuntu终端]

```
(pytorch) $ conda install pytorch=0.4 torchvision -c ➡
pytorch// ——指定 PyTorch v0.4
Proceed ([y]/n)? ——输入 y，按 Enter 键继续
(…略…)
Preparing transaction: done
Verifying transaction: done
Executing transaction: done
```

按照以下指令和步骤安装在第 7 章将要使用的与 WebAPI 相关的程序库以及 flask、smart_getenv、gunicorn。

[Ubuntu终端]

```
(pytorch) $ pip install flask smart_getenv gunicorn
Successfully installed Werkzeug-0.14.1 click-6.7 ➡
flask-1.0.2 gunicorn-19.9.0 itsdangerous-0.24 ➡
smart-getenv-1.1.0
You are using pip version 10.0.1, however version 18.0 ➡
is available.
You should consider upgrading via the 'pip install ➡
--upgrade pip' command.
```

按照以下指令和步骤安装在第 7 章将要使用的 caffe2。

[Ubuntu终端]

```
(pytorch) $ conda install -c caffe2 caffe2 protobuf
Proceed ([y]/n)? ——输入 y，按 Enter 键继续
(…略…)
Preparing transaction: done
Verifying transaction: done
Executing transaction: done
```

按照以下指令和步骤安装在第 7 章将要使用的 onnx 相关项目。

[Ubuntu 终端]

```
(pytorch) $ sudo apt install git build-essential g++ cmake
(pytorch) $ pip install git+https://github.com/onnx/➡
onnx.git@307995b1439e478122780ffc9d4e3ee8910fb7ad
Successfully built onnx
Installing collected packages: typing-extensions, onnx
Successfully installed onnx-1.2.1 typing-extensions-3.6.5
```

◎ 安装完成后再次使用时

今后使用时，请务必按以下指令进行操作。

[Ubuntu 终端]

```
$ source /home/（用户名）/miniconda3/bin/activate pytorch
```

◎ 关于 Jupyter Notebook

在构建虚拟环境的过程中，还安装了一个名为 Jupyter Notebook 的程序，该程序允许通过浏览器进行 Python 程序的交互操作。

在执行本书给出的样例代码时，建议使用 Jupyter Notebook 进行。启动 Jupyter Notebook 时，在终端中按以下顺序执行指令。

首先，按以下指令创建保存 Jupyter Notebook 文件的目录。

[Ubuntu 终端]

```
$ cd /home/（用户名）/
$ mkdir notebooks
```

接着按以下指令启动 Jupyter Notebook。

[Ubuntu 终端]

```
$ jupyter notebook --port=8888 --ip="0.0.0.0" \
                   --notebook-dir=notebooks
```

在本地计算机的情况下，上述指令会启动浏览器，可以直接使用。

在虚拟机和云盘上启动时，将实际IP地址和终端中显示的验证令牌相结合，从而形成一个网址，并将该网址输入到计算机的浏览器中即可进行访问。

另外，还有一种方法是，可以使用Google公司的Colaboratory，这是Jupyter Notebook的免费云服务。与此相关的内容已经概括在附录B中，请根据需要进行参考。

第1章

1 PyTorch 基础

本章中，在查看了 PyTorch 库结构的整体情况之后，我们将介绍如何进行基本数据结构 Tensor 的处理，以及如何使用该库的核心之一 autograd 进行 Tensor 的自动微分。

1.1 PyTorch 的构成

首先介绍 PyTorch 构成的整体情况。今后我们将使用的是表 1.1 所示的组合软件包，在此我们只需要能够理解其概要就可以了。

1.1.1 PyTorch 整体情况

PyTorch 的构成见表 1.1。

表 1.1 PyTorch 的构成

构成内容	说　明
torch	Tensor 及其各种数学函数都包含在主命名空间的此程序包中。torch 模仿了 NumPy 的结构
torch.autograd	包含用于自动微分的函数。包括控制自动微分 on/off 文本管理器的 enable_grad/no_grad，以及定义专有可微分函数时需要使用的基础类函数
torch.nn	定义了用于构建神经网络的各种数据结构和层。例如，卷积、LSTM、ReLU 等激活函数和 MSELoss 等损失函数
torch.optim	实现了以随机梯度下降（SGD）为中心的参数优化算法
torch.utils.data	包括用于在 SGD 中进行循环迭代时进行小批量生成的可用函数
torch.onnx	用于以开放神经网络交换（Open Neural Network Exchange，ONNX）的形式导出模型。ONNX 是一种用于在各种深度学习框架之间共享模型的新格式

你可能不熟悉激活函数、损失函数和 SGD 等专业术语，我们将在第 2 章和第 3 章中对其加以介绍。此外，第 7 章还将介绍 ONNX 的相关内容。

1.2 Tensor

本节将介绍 PyTorch 中最基本的数据结构 Tensor 及其功能。

顾名思义，Tensor 作为张量是用于处理多维数组的数据结构。它具有与 NumPy 的 ndarray（N 维数组）几乎相同的 API（应用程序编程接口），并且还支持 GPU 计算。PyTorch 为每种数据类型均定义了相应的 Tensor 结构，例如，用于 32 位浮点数的 torch.FloatTensor 和用于 64 位带符号整数的 torch.LongTensor。

另外，在 GPU 上进行计算时，则需要使用 torch.cuda.FloatTensor 等类型。Tensor 是 FloatTensor 的别名，可以使用 torch.tensor 函数进行任何类型 Tensor 的创建。

1.2.1 Tensor 的生成和转换

创建 Tensor 的方法有很多种，除了将嵌套的多维列表或 ndarray 传递给 torch.tensor 函数的方法之外，还可以通过像 NumPy 那样类似的方法，使用一些函数来进行 Tensor 的创建，例如 arange、linspace、logspace、zeros、ones 等。创建时只需要给出函数的参数常量即可。List 1.1 给出了一个 Tensor 创建的示例。

List 1.1 一个 Tensor 创建的示例

（此后，如果未做特殊说明，则所给出的所有 List 样例均为 Jupyter Notebook 输入和输出）

In

```
import numpy as np
import torch

# 通过嵌套 List 的传递创建
t = torch.tensor([[1, 2], [3, 4.]])

# 通过 device 在指定的 GPU 上进行 Tensor 的创建
t = torch.tensor([[1, 2], [3, 4.]], device="cuda:0")

# 通过 dtype 指定双精度 Tensor 的创建
t = torch.tensor([[1, 2], [3, 4.]], dtype=torch.float64)

# 将一维 Tensor 初始化为 0 ～ 9 之间的数值
t = torch.arange(0, 10)

# 100 × 10 的 Tensor，其值均为 0
```

```
# 通过 to 方法创建并传递到 GPU
t = torch.zeros(100, 10).to("cuda:0")

# 使用常规随机数进行 100 × 10 的 Tensor 的创建
t = torch.randn(100, 10)

# 通过 shape 方法获取 Tensor 的尺寸
t.size()
```

Out

```
torch.Size([100, 10])
```

Tensor 可以很容易地转换为 NumPy 的 ndarray。但是，GPU 上的 Tensor 不能直接进行变换，需要转移到 CPU 上一次（如 List 1.2 所示）。

List 1.2 一个 Tensor 转换的示例

In

```
# 通过 Numpy 方法将 Tensor 转换为 ndarray
t = torch.tensor([[1, 2], [3, 4.]])
x = t.numpy()

# GPU 上的 Tensor 需要通过 CPU 进行转换
# 需要经过一次 CPU Tensor 的转换
t = torch.tensor([[1, 2], [3, 4.]], device="cuda:0")
x = t.to("cpu").numpy()
```

1.2.2 Tensor 的索引操作

Tensor 支持类似于 ndarray 的索引操作。数组 A[i，j] 中的 i 和 j 被称为数组元素的下标，并将通过指定下标以获取或更改数组元素值的操作称为引用，如 List 1.3 所示。索引操作除了按标量指定以外，还支持按向量、下标列表、ByteTensor 的掩模（参见要点提示）等方式来进行数组元素的指定。

List 1.3 Tensor 的索引操作

In

```
t = torch.tensor([[1,2,3], [4,5,6.]])

# 通过下标指定
t[0, 2]
```

```
# 通过切片指定
t[:, :2]

# 通过下标列表指定
t[:, [1,2]]

# 通过掩模只选择大于 3 的部分元素
t[t > 3]

# 将元素 [0, 1] 的值设定为 100
t[0, 1] = 100

# 使用向量进行元素值的批量设定
t[:, 1] = 200

# 通过数组掩模只替换符合条件的部分元素
t[t > 10] = 20
```

要点提示

掩模

掩模是指原始数组的大小相同，每个元素都是 True/False 的数组。例如，对于一个 a=[1,2,3] 这样的数组，通过 a>2 的操作就可以生成 [False, False, True] 这样的掩模。

1.2.3 Tensor 的运算

Tensor 可以进行四则运算、数学函数、线性代数等运算，可以代替 ndarray 使用。特别是矩阵乘积和奇异值分解（参见要点提示）等线性代数计算，在数据规模较大的情况下，比起使用 NumPy/SciPy，由于可以使用 GPU，从而显示出了更好的性能。

要点提示

奇异值分解

奇异值分解（Singular Value Decomposition，SVD）是线性代数中常用的计算方法。它将矩阵 $\boldsymbol{A}$ 分解为三个矩阵的乘积，例如 $\boldsymbol{USV}$，$\boldsymbol{U}$ 和 $\boldsymbol{V}$ 是正交矩阵，而 $\boldsymbol{S}$ 是仅具有对角线分量的正方形矩阵。在求解最小二乘法以及矩阵近似和压缩等时使用。

在 Tensor 之间或 Tensor 与 Python 标量数字之间可以执行四则运算。需要注意的是，在 Tensor 和 ndarray 之间不支持四则运算。

除此之外，参与运算的 Tensor 还需要具有相同的类型。例如，FloatTensor 与 DoubleTensor 之间进行运算时会出现错误。同样地，ndarray 的四则运算也广泛地适用于广播运算规则，向量与标量、矩阵与向量间的运算也会通过维数的自动插入实现矩阵尺寸的缩放。有关数组和矩阵的广播运算可根据需要在 NumPy 的官方手册（参见要点提示）中找到有关输入数组通过广播进行形状变换的详细规则。以下是有关向量和矩阵运算的几个示例，如 List 1.4 所示。

List 1.4 Tensor 的运算

In

```
# 长度为 3 的向量
v = torch.tensor([1, 2, 3.])
w = torch.tensor([0, 10, 20.])
# 2 × 3 的矩阵
m = torch.tensor([[0, 1, 2], [100, 200, 300.]])

# 向量和标量的加法运算
v2 = v + 10
# 二次方运算也是一样
v2 = v ** 2
# 相同长度向量之间的减法
z = v - w
# 多种运算的组合
u = 2 * v - w / 10 + 6.0

# 矩阵和标量之间的运算
m2 = m * 2.0
# 矩阵和向量之间的运算
# (2, 3) 的矩阵和 (3,) 的向量之间通过广播操作进行的运算
m3 = m + v
# 相同尺寸矩阵间的运算
m4 = m + m
```

要点提示

广播运算

- SciPy.org：Broadcasting

  网址 https://docs.scipy.org/doc/numpy-1.13.0/user/basics.broadcasting.html

PyTorch 为 Tensor 提供了各种数学函数。除了那些会影响 Tensor 的所有元素（如 abs、sin、cos、exp、log 和 sqrt）的数学函数外，还提供了用于统计功能的函数（如 sum、max、min、mean 和 std）。因此可以以 ndarray 相同的方式，在 Tensor 上使用这些数学函数。除此之外，作用于 Tensor 的大多数数学函数也可以用 Tensor 的方法提供，如 List 1.5 所示。

List 1.5 数学函数

In

```
# 准备 100 × 10 的测试数据
X = torch.randn(100, 10)

# 包含数学函数的数学运算式
y = X * 2 + torch.abs(X)

# 进行平均值的求取
m = torch.mean(X)
# 统计运算也可以通过方法来进行，不一定必须通过函数来进行
m = X.mean()
# 通过 item 方法得到的统计运算结果是一个 0 维的 Tensor
# 其值可以按以下方法进行引用
m_value = m.item()
# 统计运算可以指定运算进行的维度，以下是按行的方向进行统计
# 通过统计函数计算每列的平均值
m2 = X.mean(0)
```

除了数学函数以外，也经常使用 view 方法进行 Tensor 维度的变换，使用 cat 和 stack 方法进行相同尺寸 Tensor 的合并，以及使用 t 和 transpose 方法进行 Tensor 的转置。

view 方法与 NumPy 应用于 ndarray 的 reshape 函数完全一样。

cat 方法用于具有不同特征维度的多个 Tensor 的合并。

transpose 除了实现矩阵的转置以外，还可以用于将图像数据的数据形式从 HWC（垂直、水平、色彩）的顺序重新排列成 CHW（色彩、垂直、水平），如 List 1.6 所示。

List 1.6 Tensor 的索引操作示例

In

```
x1 = torch.tensor([[1, 2], [3, 4.]]) # 2×2
x2 = torch.tensor([[10, 20, 30], [40, 50, 60.]]) # 2×3

# 把 2 × 2 的 Tensor 变换为 4 × 1 的形式
x1.view(4, 1)
# -1 表示余下的一个维度数需要系统自动计算，但仅可使用一次
# 在下面的示例中，-1 将自动变为 4
```

```
x1.view(1, -1)

# 通过转置将 2 × 3 的 Tensor 变换为 3 × 2 的形式
x2.t()

# 通过 dim=1 的合并操作，得到一个 2 × 5 的 Tensor
torch.cat([x1, x2], dim=1)

# 将 HWC 转换为 CHW
# 具有 100 个 64 × 32 × 3 的数据
hwc_img_data = torch.rand(100, 64, 32, 3)
chw_img_data = hwc_img_data.transpose(1, 2).transpose(1, 3)
```

Tensor 的线性代数运算可以使用表 1.2 所示的运算符，并且可以执行如 List 1.7 所示的运算。特别是对于需要大量计算的大型矩阵乘积和奇异值分解，可以预期在 GPU 上执行，从而使计算时间显著减少。

表 1.2 Tensor 的线性代数运算符

运 算 符	说 明
dot	向量的内积
mv	矩阵与向量相乘
mm	矩阵与矩阵相乘
matmul	根据参数的种类自动选择 dot、mv、mm 并执行
gesv	通过 LU 分解联立方程求解方程组
eig、symeig	特征值分解。symeig 是用于对称矩阵更高效的算法
svd	奇异值分解

List 1.7 Tensor 的运算示例

In

```
m = torch.randn(100, 10)
v = torch.randn(10)

# 内积
d = torch.dot(v, v)

# 100 × 10 的矩阵与长度为 10 的向量的乘积
# 所得结果为一个长度为 100 的向量
v2 = torch.mv(m, v)
```

```
# 矩阵乘积
m2 = torch.mm(m.t(), m)

# 奇异值分解
u, s, v = torch.svd(m)
```

1.3 Tensor和自动微分

在此介绍 Tensor 和自动微分。

Tensor 具有一个被称为 requires_grad 的属性，其默认值为 False，可以将其设置为 True 以启用 Tensor 的自动微分功能（参见要点提示）。在使用神经网络时，作为神经网络参数和数据的所有 Tensor 都应启用此功能。

根据属性 requires_grad 的值，对该属性值为 True 的 Tensor，将按照如下所示的公式进行一系列的乘积和累加计算，并在调用一种被称为 backward 的方法时，通过该方法自动地根据该信息进行微分计算。

$$y_i = \boldsymbol{a} \cdot \boldsymbol{x}_i，\ L = \sum_i y_i$$

自动微分进行的计算是按照以下公式进行的，计算过程中需要分别通过每一个分量 a_k 对上式所计算的 L 进行微分。

$$\frac{\partial L}{\partial a_k} = \sum_i x_{ik}$$

在 List 1.8 所示的这个简单例子中，我们通过解析方法进行了上述微分的计算，该计算实际上可以通过自动微分来进行。

要点提示

自动微分与 Variable

在 PyTorch v0.3 之前，Tensor 必须被包装在一个名为 Variable 的类中才能使用自动微分功能，但是从 v0.4 开始，Tensor 和 Variable 已集成在一起了。

List 1.8 Tensor 的自动微分

In

```
x = torch.randn(100, 3)
# 当作为微分变量时，将其 requires_grad 属性值设为 True
a = torch.tensor([1, 2, 3.], requires_grad=True)

# 按照所给公式自动实现乘积和累加计算
y = torch.mv(x, a)
o = y.sum()
```

```
# 通过 backward 方法进行自动微分
o.backward()

# 解析和比较
a.grad != x.sum(0)
```

Out

```
tensor([ 0,  0,  0], dtype=torch.uint8)
```

In

```
# 因为 x 的 requires_grad 属性值为 False，所以不进行自动微分的计算
x.grad is None
```

Out

```
True
```

通过上述示例，可以确认解析计算和自动微分所得出的微分计算结果是一致的。在这样的简单示例中，我们很难感受到自动微分带来的好处，但是在像神经网络这样复杂的函数运算中，微分计算是通过链式规则连续进行的，这种情况下，自动微分的功能是非常重要的。

1.4 本章小结

在此总结本章介绍的内容。

Tensor 是一个多维数组，可以以 NumPy 的 ndarray 相同的方式使用，并支持在 GPU 上进行计算，这对于大规模矩阵计算非常有用。

Tensor 可以实现自动微分计算，这对于神经网络的优化和训练非常重要。

第2章

2 极大似然估计与线性模型

本章将介绍极大似然估计和线性模型，它们是神经网络和深度学习的基础，并通过最常见的线性回归和逻辑回归来探索 PyTorch 的应用。

本章还将使用一些数学公式对理论进行更深入的介绍，公式和理论出现得稍多一些。一旦理解了本章所介绍的内容，就理解了各种随机模型最重要的框架，而不仅仅限于神经网络。在本章之后几乎没有数学公式出现，因此请耐心进行本章内容的阅读。

2.1 随机模型和极大似然估计

本节将介绍随机模型和极大似然估计。

随机模型和极大似然估计是机器学习中出现最多的模型，也是机器学习中最重要的框架，神经网络也使用这一框架。

如下式所示，随机模型指的是变量 x 不是某一个确定的值，而是由具有参数 θ 的随机分布 $P(x|\theta)$ 生成的。

$$x \sim P(x|\theta)$$

以 $P(x|\theta)$ 为例，如果 x 是连续变量，则 x 将呈现出如下式所示的正态分布。

$$\mathcal{N}(x|\mu,\sigma^2) = \frac{1}{\sqrt{2\pi\sigma^2}}\exp\left[-\frac{(x-\mu)^2}{2\sigma^2}\right]$$

如果 x 是离散变量，特别是像投掷硬币等情况下的 [0，1] 值，则 x 将呈现出如下式所示的伯努利分布，其各个具体值都是可以枚举的。

$$B(x|p) = p^x(1-p)^{1-x}$$

当给定某一由相互独立的 N 个数据组成的数据集合 X=（x_0，x_1，$\cdots$）时，如果像下式那样将各个数据所对应的随机函数值的乘积作为参数 θ 的函数，则这就是参数 θ 取值的概率，我们将其称为参数 θ 的似然（Likelihood）函数。

$$L(\theta) = \prod_n P(x_n|\theta)$$

似然函数是随机模型中最重要的量，能够使得似然值取得最大值的参数，将其称为参数的极大似然估计（Maximum Likelihood Estimation，MLE）。

由于似然函数是一个乘积的形式，同时每一个因子都是一个小于 1 的数值，为了便于计算，我们通常以对数似然函数的形式进行运算，即

$$\ln L(\theta) = \sum_n \ln P(x_n|\theta)$$

以正态分布为例，其分布参数 θ 由变量 μ 和 σ 构成。如下式所示的那样，首先可以得到正态分布参数 θ 的对数似然函数，然后通过该对数似然函数对变量 μ 的部分微分，并对该部分微分为 0 时的方程进行求解，所得到的结果即为该正态分布均值参数的极大似然估计，最终结果为所有给定 x 的平均值。

$$\ln L(\theta) = -\frac{N}{2}\ln 2\pi\sigma^2 - \frac{1}{2\sigma^2}\sum_n (x_n-\mu)^2$$

$$\frac{\partial}{\partial \mu} \ln L(\theta) = -\frac{1}{\sigma^2} \sum_n (x_n - \mu) = 0$$

$$\mu = \frac{1}{N} \sum_n x_n = \bar{x}$$

同样地，关于伯努利分布也是如此。如果求解 p 的极大似然估计，则会得到如下所示的公式。其中，假定取值 $x=1$ 的个数为 M。

$$\sum_n x_n = M$$

$$\begin{aligned} \ln L(\theta) &= \sum_n x_n \ln p + (1 - x_n) \ln(1 - p) \\ &= M \ln p + (N - M) \ln(1 - p) \end{aligned}$$

$$\frac{\partial}{\partial p} \ln L(\theta) = -\frac{M}{p} + \frac{N - M}{1 - p} = 0$$

$$p = \frac{M}{N}$$

结果，p 即为取值 $x=1$ 的次数占总次数的比值。

2.2 随机梯度下降法

本节将介绍通过实际数值进行极大似然估计最为常用的方法——梯度下降法，以及由此变形得到的随机梯度下降法的扩展。

当对数似然函数的微分为 0 的方程没有解析解时，需要进行数值方法的优化，并且其方法是将该领域的一般目标函数最小化。该最小化的目标函数被称为损失函数（Loss Function）。在实际的操作过程中，通常我们的目标不是将对数似然函数最大化，而是将反转符号后的函数最小化，如下式所示。

$$\theta_{\mathrm{MLE}} = \mathrm{argmin}_\theta E(\theta)$$
$$E(\theta) = -\ln L(\theta)$$

解决这种可微分函数数值优化问题的最简单方法是梯度下降法（Gradient Descent），因此就需要利用如下梯度（微分系数或导数）进行反复优化，如下式所示。

$$\theta^{t+1} = \theta^t - \gamma \frac{\partial}{\partial\theta} E(\theta^t)$$

在这一公式中，γ 为学习率，是一个值为正的参数。学习率越大，损失函数的减小就会越快。但是，如果学习率过大，有可能使函数无法很好地进行收敛而产生振荡。

另一方面，学习率越小，损失函数的减小则会越慢，在收敛之前则需要进行计算的次数也越多，特别是当目标函数可以像对数似然函数那样分解成相同形式函数的和时，并不是使用全部的数据，可以采用仅使用随机（Stochastic）利用的一部分数据（mini-batch，小批量）进行的随机梯度下降法（Stochastic Gradient Descent，SGD）及其变种，这在数据较多的大数据情况下非常有用，如下式所示。

$$E(\theta) = \sum_n E_n(\theta)$$
$$\theta^{t+1} = \theta^t - \gamma \sum_{n\in\mathrm{batch}} E_n(\theta)$$

通过将梯度下降法和自动微分相结合，就意味着“复杂的似然函数也能得到系统的优化”。

2.3 线性回归模型

本节将介绍具有代表性的随机模型——线性回归模型。神经网络实际上也是线性回归模型的扩展和延伸，若能很好地理解线性回归模型，那么理解神经网络也并不难。

2.3.1 线性回归模型的极大似然估计

线性回归（Linear Regression）模型是从多个变量中预测一个或多个值的方法。线性回归模型可以用如下的公式来表示。

$$y = \boldsymbol{a} \cdot \boldsymbol{x} + b + \epsilon = \sum_i a_i x_i + b + \epsilon$$

式中，$\boldsymbol{x}$ 被称为自变量或特征量；y 是需要预测的目标变量；$\boldsymbol{a}$、b 是模型的参数（回归系数）；ϵ 是服从正态分布 $N(0, \sigma^2)$ 的误差项。线性回归模型的目的是由自变量 $\boldsymbol{x}$ 来预测 y。特别是将 y 看作为连续变量时，我们将该类预测问题称为“回归问题”。如果将常数 1 也添加到变量 $\boldsymbol{x}$ 中，并用（1，x_1，x_2，⋯）来表示，则可以将向量 b 也包含在回归参数 $\boldsymbol{a}$ 中，并将其看作一个整体，这样就可以将回归公式简化为如下式所示的形式。

$$y = \boldsymbol{a} \cdot \boldsymbol{x}$$

在此，由于目标变量 y 可以用参数 $\boldsymbol{a}$ 的一次表达式表示，所以线性回归模型也正是因此而得名。另一方面，线性回归模型也是一个随机模型，可以用如下所示的公式来表示。

$$y \sim \mathcal{N}(x|\boldsymbol{a} \cdot \boldsymbol{x}, \sigma^2)$$

对于随机模型的参数求解，我们在 2.1 节中介绍的极大似然估计中已经提到。当给定 N 个数据时，线性回归模型的对数似然函数可以通过如下所示的公式来表示。

$$\ln L(\boldsymbol{a}) = -\frac{N}{2} \ln 2\pi\sigma^2 - \frac{1}{2\sigma^2} \sum_n (y_n - m_n)^2$$

$$m_n = \sum_i a_i x_{ni}$$

将上述对数似然函数通过变量 $\boldsymbol{a}$ 进行微分，并只保留有意义的项，那么关于参数 $\boldsymbol{a}$ 的极大似然估计实际上就成为如下式所示的平均平方误差（Mean Squared Error，MSE）的最小化问题。

$$E(\boldsymbol{a}) = \sum_n E_n(\boldsymbol{a}) = \frac{1}{N} \sum_n (y_n - \boldsymbol{a}_n \cdot \boldsymbol{x}_n)^2$$

通过 SGD 的方法，将 $E(\boldsymbol{a})$ 最小化，即可得到模型中参数 $\boldsymbol{a}$ 的极大似然估计。通过以上分析，我们已经具备了相关的理论基础，接下来就要用 PyTorch 进行线性回归模型的参数估计。此外，从下一章开始，我们将线性回归模型以神经网络的形式来进行表示，如图 2.1 所示。

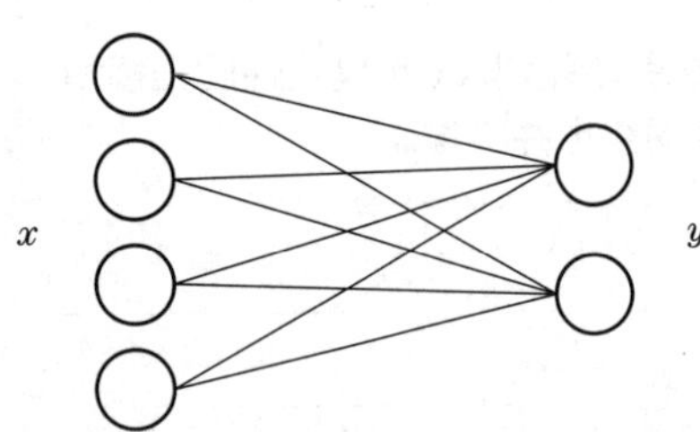

图 2.1 用于线性回归模型的神经网络（通过多元特征量 x 的相加得出预测值 y。在这个例子中，是将四元的 x 变换为二元的 y）

2.3.2 PyTorch 中的线性回归模型（from scratch）

下面，让我们使用 PyTorch 来计算线性回归模型的参数。如下式所示，给出的是一个 2 变量的模型。

$$y = 1 + 2x_1 + 3x_2$$

以下所给出的 List 2.1 的代码生成了测试数据，并准备了用于参数学习的变量。

List 2.1 准备了用于参数学习的变量并生成了测试数据

In

```
import torch

# 实际参数
w_true = torch.Tensor([1, 2, 3])

# X 的数据准备，即用于参数回归的向量数据
# 在 X 的第一个维度处添加数值 1
X = torch.cat([torch.ones(100, 1), torch.randn(100, 2)], 1)

# 通过矩阵和向量的乘积计算实际参数和 X 的内积
y = torch.mv(X, w_true) + torch.randn(100) * 0.5

# 用于梯度下降进行参数优化的 Tensor
# 用随机数生成一个初始的 Tensor
w = torch.randn(3, requires_grad=True)

# 学习率
gamma = 0.1
```

在数据和变量准备完成以后，使用梯度下降法对参数进行优化，如 List 2.2 所示。

List 2.2 通过梯度下降法进行参数优化

In

```
# 损失函数日志
losses = []

# 进行 100 次循环迭代
for epoc in range(100):
    # 删除上一次 backward 方法计算的梯度值
    w.grad = None

    # 用线性模型计算出 y 的预测值
    y_pred = torch.mv(X, w)

    # 进行 MSE loss 的计算，并通过 backward 方法将其对 w 进行微分
    loss = torch.mean((y - y_pred)**2)
    loss.backward()

    # 梯度更新
    # 直接对 w 进行更新，得出新的 Tensor
    # 只更新 data，但并不改变网络的结构
    w.data = w.data - gamma * w.grad.data

    # 对 loss 进行记录，以进行收敛的确认
    losses.append(loss.item())
```

优化过程进行得是否正常，可以通过损失函数的收敛情况进行判断。如果你是使用 Jupyter Notebook 的读者，则可以如 List 2.3 所示的那样，使用 matplotlib 进行损失函数曲线的绘制，很快便能够进行优化效果的判断。

List 2.3 使用 matplotlib 进行的损失函数曲线的绘制

In

```
%matplotlib inline
from matplotlib import pyplot as plt
plt.plot(losses)
```

Out

```
[<matplotlib.lines.Line2D at 0x7f7240847a90>]
# 参照图 2.2（由于与 X 对应的 y 值里包含了随机数，所以纵轴的误差不是 0）
```

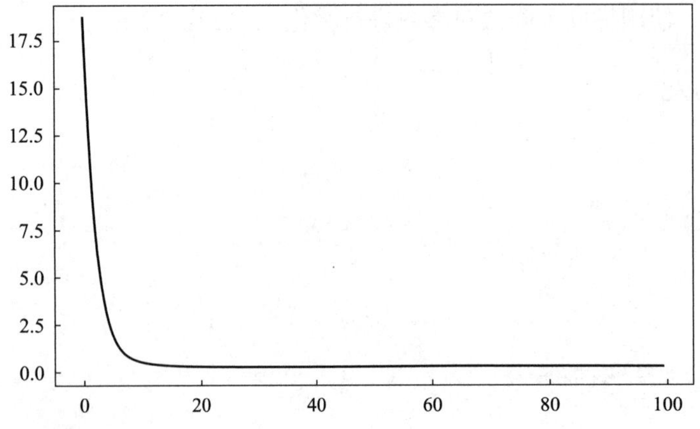

图 2.2 损失函数收敛的确认

随着迭代过程的进行，损失函数的值不断变小，并最终收敛到了一个定值，因此可以确认参数优化的过程是正常的。同时，我们也可进行回归参数的确认，如 List 2.4 所示的那样，可以看到优化得到的结果。需要说明的是，由于在示例程序中，y 的数值里含有随机数，因此回归得到的参数值与实际值之间有一些差异。

List 2.4 回归参数的确认

In

```
w
```

Out

```
tensor([ 1.0241,  1.9560,  2.9386])
```

如此便可以近似地学习到 $\boldsymbol{a}$=(1, 2, 3)。

2.3.3 PyTorch 中的线性回归模型（nn、optim 模块的应用）

在 2.2 节中，除了使用自动微分外，还动手完成了所有模型的构建和梯度下降的计算，但是由于这些过程是解决神经网络问题的常用操作，因此我们将这些公用的操作进行了编写，并将它们包含在 PyTorch 的模块中。

有关模型构建的操作包含在 torch.nn 模块中，而优化操作包含在 torch.optim 模块中。有了这些模块，线性回归模型就可以写得更简单了。下面让我们看一下 List 2.5。

List 2.5 线性回归模型的建立与优化准备

In

```
from torch import nn, optim

# 制成 Linear 层，本次回归参数是一个向量参数
```

```
# 输入维度为 3，并将 bias（向量）选项设置为 False
net = nn.Linear(in_features=3, out_features=1, bias=False)

# 网络优化器 optimizer 采用预先定义的 SGD 优化器
# 网络初始化通过参数传递进行
optimizer = optim.SGD(net.parameters(), lr=0.1)

# MSE loss 类型
loss_fn = nn.MSELoss()
```

顾名思义，nn.Linear 是用于线性连接计算的模块，其中包含回归参数和向量等。另外，nn.Linear 是将在第 3 章中详细介绍的 nn.Module 的补充模块，具有与 SGD 等优化器进行链接、保存参数学习结果等多种功能。

同样地，nn.MSELoss 也是正如其名所描述的那样，是用于 MSE 计算的模块。有了这个模块，即使是诸如 MSE 之类的简单损失函数，也不需要花费很多时间去单独编写它，既然在 PyTorch 上有这一功能，直接使用即可。至此，准备工作已全部完成。

接下来，让我们来进行循环迭代（重复循环）的运行，开始进行参数的优化，如 List 2.6 所示。

List 2.6 循环迭代优化

In

```
# 损失函数日志
losses = []

# 运行 100 次循环迭代
for epoc in range(100):
    # 删除上一次用 backward 方法计算的梯度值
    optimizer.zero_grad()

    # 用线性模型计算出 y 的预测值
    y_pred = net(X)

    # 计算 MSE loss
    # 因为 y_pred 是 (n,1) 的形状，必须要调整到 (n, ) 的形状
    loss = loss_fn(y_pred.view_as(y), y)

    # 计算 loss 对 w 的微分
    loss.backward()

    # 梯度的优化更新
    optimizer.step()
```

```
# 为了确认收敛，对 loss 进行记录
losses.append(loss.item())
```

正如我们所看到的那样，通过这种方式将 PyTorch 的函数用于模型的定义、优化算法的实现、损失函数的计算，使得代码变得更加简洁。下面，让我们来确认一下损失函数收敛后所得到的参数。需要注意的是，由于在 List 2.7 所示的代码中也包含了一些随机数，因此输出的参数优化的结果与实际数值也会有一些差异。

List 2.7 损失函数收敛后所得到的模型参数确认

In

```
list(net.parameters())
```

Out

```
[Parameter containing:
 tensor([[ 1.0241,  1.9560,  2.9386]], requires_grad=➡
True)]
```

由此可以看出，我们得到了与 List 2.4 完全相同的结果！

2.4 logistic 回归

logistic 回归（Logistic Regression）又被称为逻辑回归，是另一个典型的线性模型，在此我们将对解决这类问题的模型进行介绍。

2.4.1 logistic 回归的极大似然估计

虽然在此将 logistic 回归称作回归，但其实这是一个用于分类的线性模型。线性回归的目的变量 y 是一个连续值，而 logistic 回归中的 y 是一个属于 [0, 1] 的离散值，即为一个二元分类的问题。

在该模型中，由于自变量线性组合运算的结果可以在$[-\infty,\infty]$之间取任意值，所以在 logistic 回归中，在自变量的线性组合运算后，需要再通过 Sigmoid S 形函数 $\sigma(x)$ 的作用，将其转换为 [0, 1] 之间的值，如下式所示。

$$h = \boldsymbol{a} \cdot \boldsymbol{x},\ z = \sigma(h) = \frac{1}{1 + \mathrm{e}^{-h}}$$

Sigmoid S 形函数的曲线如图 2.3 所示。

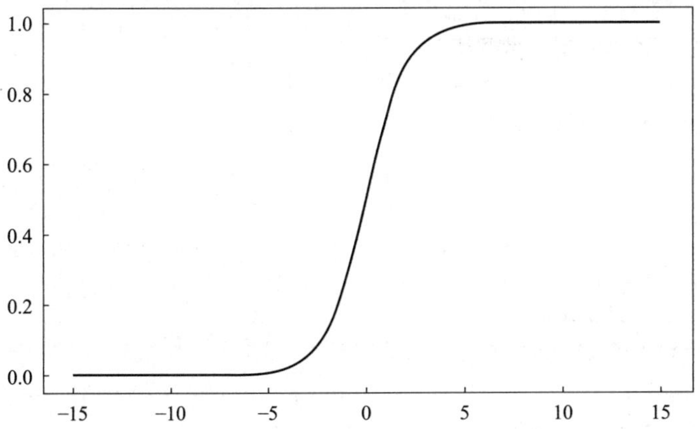

图 2.3 Sigmoid S 形函数的曲线

和线性回归模型一样，logistic 回归也是一个随机模型。在这个模型中，假设 y 是服从含有参数 z 的伯努利分布（$y \sim B(z)$）的。因此，用于极大似然估计的损失函数与 2.1 节中出现的伯努利分布的似然公式类似，是一个如下式所示的被称为交叉熵（Cross Entropy）的量。

$$E(\boldsymbol{a}) = -\sum_{n} y_n \ln z_n + (1 - y_n) \ln(1 - z_n)$$

将这个损失函数对 $\boldsymbol{a}$ 进行微分有点困难，但幸运的是我们有 PyTorch 的自动微分功能。从下一小节开始，将解释其具体内容。

2.4.2 PyTorch 中的 logistic 回归

在此，我们采用分类问题中经常使用的 Iris(鸢尾花）数据集来尝试进行 logistic 回归。iris 数据集使用 scikit-learn（参见要点提示）中包含的数据，如 List 2.8 所示。

要点提示

scikit-learn

一个开源的机器学习库，主要用 Python 编写。
它也可以与 NumPy 和 SciPy 联合使用。

List 2.8 iris 数据集的准备

In

```
from sklearn.datasets import load_iris
iris = load_iris()

# iris 是一个应用于（0,1,2）的三元分类问题的数据集
# 在此只使用（0,1）二元的数据
# 本应划分为训练数据集和测试数据集，这里进行了省略
X = iris.data[:100]
y = iris.target[:100]

# 将 NumPy 的 ndarray 转换为 PyTorch 的 Tensor
X = torch.tensor(X, dtype=torch.float32)
y = torch.tensor(y, dtype=torch.float32)
```

然后，我们来进行模型的构建，如 List 2.9 所示。

List 2.9 模型的构建

In

```
# iris 的数据是四元的
net = nn.Linear(4, 1)

# 通过 Sigmoid S 形函数的作用，转变为二元分类的数据
# 交叉熵函数的计算
loss_fn = nn.BCEWithLogitsLoss()
```

```
# SGD（采用稍大一些的学习率）
optimizer = optim.SGD(net.parameters(), lr=0.25)
```

与线性回归的情况相比，仅是后半部分的损失函数不同，其他部分是完全相同的。同样地，该模型也需要通过循环迭代的方法来进行参数的优化，如 List 2.10 所示。

List 2.10 参数优化的循环迭代

In

```
# 损失函数日志
losses = []

# 100 次循环迭代
for epoc in range(100):
    # 删除上一个 backward 方法中计算的梯度值
    optimizer.zero_grad()

    # 用线性模型预测值 y 的计算
    y_pred = net(X)

    # MSE loss 的计算，并将其对 w 进行微分
    loss = loss_fn(y_pred.view_as(y), y)
    loss.backward()

    # 梯度的更新
    optimizer.step()

    # 为了确认收敛，预先记录 loss
    losses.append(loss.item())
```

In

```
%matplotlib inline
from matplotlib import pyplot as plt
plt.plot(losses)
```

Out

```
[<matplotlib.lines.Line2D at 0x7f72290dee10>]
#  损失函数曲线如图 2.4 所示（由于 X、y 包含随机数，因此纵轴的数值会有差异）
```

如图 2.4 所示，给出了损失函数的收敛过程。

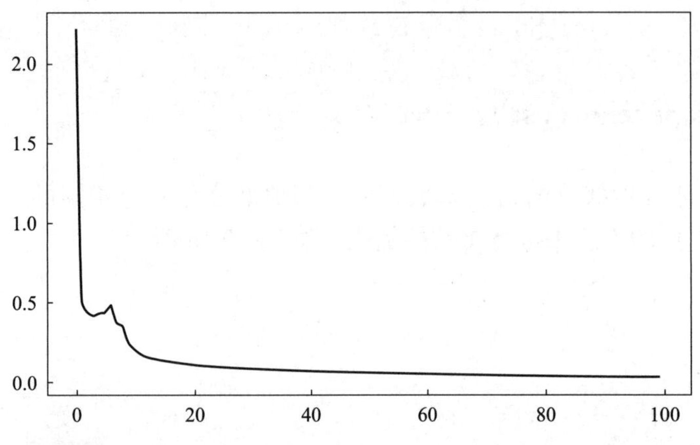

图 2.4 logistic 回归的收敛状态

如 List 2.11 所示，给出了一个二元分类的预测过程。

List 2.11 模型的构建

In

```
# 线性组合运算的结果
h = net(X)

# 通过 Sigmoid 函数作用的结果，给出表示 y = 1 的概率
prob = nn.functional.sigmoid(h)

# 将概率在 0.5 以上的分类为 1，除此以外的分类为 0
# PyTorch 没有 Bool 型，所以以 ByteTensor 作为对应的输出类型
y_pred = prob > 0.5

# 预测结果的确认（因为 y 是 FloatTensor，所以需要变换为 ByteTensor
# 后进行比较）
(y.byte() == y_pred.view_as(y)).sum().item()
```

Out（忽略随输出给出的警告信息）

```
100
```

由结果可以看出，该实例实现了 100 个样本的正确分类。

2.4.3 多元 logistic 回归

logistic 回归不仅适用于二元分类问题，经过扩展，也可以用于多元分类问题。在此，我们不打算介绍其详细计算的过程，将相关内容的详细介绍留给机器学习的教科书。为了实现二元分类到多元分类的扩展，我们只需要将原 logistic 回归模型线性结合层的输出

从 1 个类扩展到多个类，将原来的 Sigmoid 损失函数替换为 Softmax 交叉熵函数即可。

下面通过 scikit-learn 中包含的 0 ~ 9 这 10 种手写数字的数据集来进行多元分类问题的尝试，如 List 2.12 所示。

List 2.12 10 种手写数字数据集的分类问题

In

```
from sklearn.datasets import load_digits
digits = load_digits()

X = digits.data
y = digits.target

X = torch.tensor(X, dtype=torch.float32)
# 注意，将输出 y 设定为 CrossEntropyLoss 函数所接受的 int64 型的 Tensor
y = torch.tensor(y, dtype=torch.int64)

# 输出类的个数为 10
net = nn.Linear(X.size()[1], 10)

# Softmax 交叉熵
loss_fn = nn.CrossEntropyLoss()

# SGD
optimizer = optim.SGD(net.parameters(), lr=0.01)
```

至此，我们完成了模型的建立和数据的准备。通过循环迭代所进行的优化学习部分和之前介绍的二元分类时的情况基本相同，但是需要特别注意的是，向 loss 函数传递参数的方法，如 List 2.13 所示。

List 2.13 循环迭代进行的优化学习部分

In

```
# 损失函数日志
losses = []

# 100 次循环迭代
for epoc in range(100):
    # 删除上次 backward 方法中计算的梯度值
    optimizer.zero_grad()

    # 通过线性模型计算 y 的预测值
    y_pred = net(X)
```

```
# MSE loss 的计算及其对 w 的微分
loss = loss_fn(y_pred, y)
loss.backward()

# 梯度更新
optimizer.step()

# 为了收敛的确认进行 loss 的记录
losses.append(loss.item())
```

为了实现多元分类，需要将线性组合运算的结果通过 Softmax 函数进行作用，从而得到属于各个类的概率，并将概率值最大的类作为最终的分类结果。因为 Softmax 函数是一个单调递增的函数，因此 Softmax 函数的实际作用只需要找出线性组合运算结果的最大值所对应的类就可以了，如 List 2.14 所示。

List 2.14 准确率

In

```
# torch.max 除了给出线性组合运算结果的最大值外，还能够给出最大值所对应的类
_, y_pred = torch.max(net(X), 1)

# 准确率的计算
(y_pred == y).sum().item() / len(y)
```

Out

```
0.9460211463550362
```

由上述程序可见，准确率达到了 94% 以上。

2.5 本章小结

在此，对本章所介绍的内容进行总结。

本章从随机模型的角度介绍了线性模型的两个典型例子——线性回归和 logistic 回归，同时介绍了根据梯度下降法实现模型参数极大似然估计的方法。

线性回归和 logistic 回归两种线性模型都包含一个线性层的组成，其不同点在于线性回归采用最小化平均平方误差（MSE）作为损失函数，logistic 回归的损失函数采用的是交叉熵函数。这些基本思想也同样适用于下一章开始介绍的所有神经网络模型。

此外，在梯度下降法中需要进行微分的计算，尤其是在逻辑回归中其微分的计算还非常麻烦，但是通过 PyTorch 自动微分功能的使用，我们可以在完全不用关心这些复杂微分计算的情况下进行参数的学习和优化。

第3章

3 多层感知器

在本章中，我们终于要建立起一个神经网络了。对于由多个线性层或者完全连接层堆叠起来所构成的神经网络，我们通常称其为多层感知器（Multi-Layer Perceptron，MLP，参见要点提示），这种多层感知器也是一种适用于各种数据的通用神经网络。

首先，与第2章的最后部分所进行的那样，我们将为手写字符数据集构建一个简单的MLP，然后介绍诸如Dropout和BatchNorm之类的正则化方法，以提高模型学习的效率，同时还将介绍各个独立层的模块化方法。

要点提示

多层感知器

严格来说，它并不使用感知器算法，但由于某种原因，我们仍然称其为感知器。

3.1 MLP 的构建与学习

在此，我们将介绍 MLP 的构建和学习。

首先，将介绍如何使用 PyTorch 进行一个简单 MLP 的构建，同时介绍对其进行学习和训练的方法。与第 2 章中介绍的线性模型相比，模型构建的方法略有一些不同，但是学习和训练的过程是完全相同的。

一个 MLP 是由多个线性层连接而成的，如图 3.1 所示。第一层被称为输入层，最后一层被称为输出层，除此以外的其他层被称为中间层或隐藏层。输出层具有与线性回归（对于回归问题）和逻辑回归（对于分类问题）完全相同的结构。

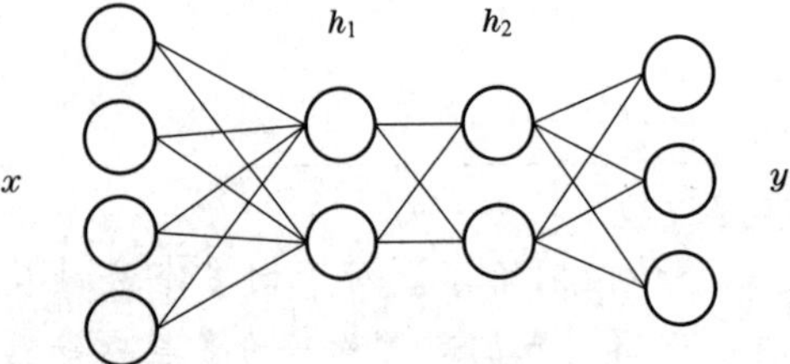

图 3.1 具有 2 个隐藏层的 MLP 结构

在上述模型中，如果仅仅是线性层的连接，则它整体上只是一个线性函数，因此需要将一个被称为激活函数的非线性函数应用于每个层的输出，以便在整体上可以实现非线性函数的表达。通过代码的编写和查看，要比通过表达式的理解更加容易。在 List 3.1 所示的例子中，我们构建了一个 MLP 来进行第 2 章中提到的 scikit-learn 手写文字的识别。

List 3.1 手写文字识别 MLP 的构建

In

```
import torch
from torch import nn

net = nn.Sequential(
    nn.Linear(64, 32),
    nn.ReLU(),
    nn.Linear(32, 16),
    nn.ReLU(),
    nn.Linear(16, 10)
)
```

nn.Sequential 用于通过依次堆叠 nn.Module 来进行网络各层构建的情形。像这样各层堆叠成一条直线的神经网络叫作 Feedforward 型（前馈型）神经网络。

nn.ReLU 是近年来用于神经网络学习的一种典型激活函数，称为 ReLU（参见要点提示）。此处创建的 net 是一个函数，该函数接收 64 元的数据，在内部执行各种转换后，返回另一个 10 元的值。这与第 2 章讨论的线性回归和逻辑回归的内容不同，但是输入和输出的格式是完全相同的。此外，由于该 net 函数是可以微分的，因此可以使用 PyTorch 的自动微分功能，以与 SGD 相同的方式进行学习和训练（参见要点提示）。

要点提示

ReLU

在之前的深度学习中，通常使用 Sigmoid 函数和 tanh 函数作为神经网络的激活函数，但是它们都是 S 形函数，并且由于它们远离原点时趋于 0 的性质，因此随着神经网络层数的增加以及学习深度的加深就会出现梯度消失的问题，使得学习不能正常进行。ReLU 函数的形式为 $f(x) = \max(0, x)$，因此在 $x > 0$ 时其微分的值始终是一个有限的值，从而不会出现梯度消失的情况。由于这一特性，使得 ReLU 函数在当今的深度学习中得到了广泛应用，应用于神经网络的学习训练中。

要点提示

自动微分

MLP 的微分计算比线性模型的微分计算要复杂得多，因为它包含有激活函数，并且是多层的。PyTorch 的自动微分功能在此处可以凸显其作用。

特别是在进行 Feedforward 型神经网络的微分计算时，使用了一种被称为 Back propagation 的动态编程算法。这大概也是 PyTorch 中将进行微分计算的方法称为 backward 方法的原因。

在 List 3.1 手写文字识别 MLP 构建的基础上，List 3.2 给出了手写文字数据集学习训练的其余代码。List 3.2 不仅使用了 SGD，还使用了 SGD 的改进版算法——Adam（Adaptive Moment Estimation，自适应矩估计），其收敛速度比 SGD 要快。

List 3.2 手写文字数据集学习训练代码的其余部分

In

```
from torch import optim
```

```
from sklearn.datasets import load_digits
digits = load_digits()

X = digits.data
Y = digits.target

# 将 NumPy 的 ndaray 转换成 PyTorch 的 Tensor
X = torch.tensor(X, dtype=torch.float32)
Y = torch.tensor(Y, dtype=torch.int64)

# Softmax 交叉熵
loss_fn = nn.CrossEntropyLoss()

# Adam
optimizer = optim.Adam(net.parameters())

# 损失函数日志
losses = []

# 进行 100 次循环迭代的学习训练
for epoc in range(500):

    # 清除在之前的 backward 方法中
    # 计算出的梯度值
    optimizer.zero_grad()

    # 用线性模型计算 y 的预估值
    y_pred = net(X)

    # 计算 MSE loss 并对 w 进行微分
    loss = loss_fn(y_pred, Y)
    loss.backward()

    # 梯度更新
    optimizer.step()

    # 记录 loss 的值以进行收敛确认
    losses.append(loss.item())
```

如果使用 GPU 进行学习和训练，则需要通过 to 方法将 net 和变量一起传递到 GPU，如 List 3.3 所示。

List 3.3 通过 to 方法到 GPU 的传送

In

```
X = X.to("cuda:0")
Y = Y.to("cuda:0")
net.to("cuda:0")

# 以下以同样的方法进行 optimizer 的设置并执行学习的循环迭代
```

Out

```
# 省略
```

3.2 Dataset 与 DataLoader

到目前为止，我们所进行的学习训练都是利用全部的数据进行的。但是在数据量增大，网络深度增加，学习参数增多的情况下，则难以将所有的数据都存储在有限的存储器上。因此，在此介绍使用部分数据（小批量，mini-batch）进行 SGD 学习和训练的基本方法。

PyTorch 具有 Dataset 和 DataLoader 的操作方法，由此可以轻松进行小批量学习和数据重洗（重组）以及并行处理。

TensorDataset 是一个继承 Dataset 的类，并且是一个收集要素 X 和标签 Y 的容器。通过将此 TensorDataset 传递给 DataLoader，可以轻松地在 for 循环中实现部分数据的接收，如 List 3.4 所示。需要注意的是，只能将 Tensor 传递给 TensorDataset，而不能传递给 Variable。

List 3.4 一个将 TensorDataset 传递给 DataLoader 并简单地实现部分数据接收的示例

In

```
from torch.utils.data import TensorDataset, DataLoader

# Dataset 的创建
ds = TensorDataset(X, Y)

# 创建一个以不同顺序返回 64 条数据的 DataLoader
loader = DataLoader(ds, batch_size=64, shuffle=True)

net = nn.Sequential(
    nn.Linear(64, 32),
    nn.ReLU(),
    nn.Linear(32, 16),
    nn.ReLU(),
    nn.Linear(16, 10)
)

loss_fn = nn.CrossEntropyLoss()
optimizer = optim.Adam(net.parameters())

# 循环迭代优化的执行
losses = []
for epoch in range(10):
    running_loss = 0.0
    for xx, yy in loader:
```

0 1 2 3 4 5 6 7 A B 多层感知器

```
        # 只能接收 64 个 xx, yy
        y_pred = net(xx)
        loss = loss_fn(y_pred, yy)
        optimizer.zero_grad()
        loss.backward()
        optimizer.step()
        running_loss += loss.item()
    losses.append(running_loss)
```

通过这种方法可以创建一个另外的 Dataset，而无需在存储器中保存大量的原有数据集的全部图像文件。在每次学习和训练之前，都可以通过这种方式来读取训练所需要的部分数据，具体的使用方法还有多种。

3.3 高效学习的提示

神经网络是一种具有非常强大表现力的模型，但是另一方面也存在一些问题，诸如对训练数据的过度拟合，从而无法应用于其他数据，或训练过程变得不稳定并且需要很长时间等。在这里，以下我们将介绍两种解决这些问题的典型方法，即 Dropout 和 Batch Normalization。

3.3.1 基于 Dropout 的正则化

过度拟合是机器学习中的常见问题，不仅限于神经网络。过度拟合是一种现象，指的是在学习和训练过程中训练数据对参数进行了过度优化，从而使得模型对其他数据的判别性能大大降低。例如，当一个人在准备考试时不理解考试内容背后的理论，即使死记硬背了一些考题也无法在考试中灵活应用。特别是深度神经网络，由于网络具有众多的参数需要学习，如果无法获得足够的训练数据就容易导致过度学习的发生。

例如，如果对 3.1 节中使用的神经网络的深度进行加深，则如 List 3.5 和 List 3.6 中的代码所示那样，将会出现如图 3.2a 所示的情况。由此可以看出，在优化学习过程中如果以这种方式增加 SGD 循环迭代的次数，则对于验证数据的损失函数的值不仅没有减小，反而会增大。

List 3.5 对 3.1 节中所使用的网络进行深化的代码①

In

```
# 将数据集划分为训练数据和验证数据
from sklearn.model_selection import train_test_split
# 30% 的数据用于验证
X = digits.data
Y = digits.target
X_train, X_test, Y_train, Y_test = train_test_split(➡
X, Y, test_size=0.3)

X_train = torch.tensor(X_train, dtype=torch.float32)
Y_train = torch.tensor(Y_train, dtype=torch.int64)
X_test = torch.tensor(X_test, dtype=torch.float32)
Y_test = torch.tensor(Y_test, dtype=torch.int64)

# 通过多次层叠进行深度神经网络的建立
k = 100
net = nn.Sequential(
    nn.Linear(64, k),
    nn.ReLU(),
```

```
    nn.Linear(k, k),
    nn.ReLU(),
    nn.Linear(k, k),
    nn.ReLU(),
    nn.Linear(k, k),
    nn.ReLU(),
    nn.Linear(k, 10)
)

loss_fn = nn.CrossEntropyLoss()
optimizer = optim.Adam(net.parameters())
# 通过 DataLoader 创建训练用数据
ds = TensorDataset(X_train, Y_train)
loader = DataLoader(ds, batch_size=32, shuffle=True)
```

List 3.6 对 3.1 节中所使用的网络进行深化的代码②

In

```
train_losses = []
test_losses = []
for epoch in range(100):
    running_loss = 0.0
    for i, (xx, yy) in enumerate(loader):
        y_pred = net(xx)
        loss = loss_fn(y_pred, yy)
        optimizer.zero_grad()
        loss.backward()
        optimizer.step()
        running_loss += loss.item()
    train_losses.append(running_loss / i)
    y_pred = net(X_test)
    test_loss = loss_fn(y_pred, Y_test)
    test_losses.append(test_loss.item())
```

我们将这种抑制过度学习的方法称为正则化。进行正则化的方法有很多种，但是在神经网络中，经常使用一种被称为 Dropout 的方法，在这种方法中，有意或随机地不使用某些节点，从而降低变量的规模。

Dropout 通常仅在网络训练期间采用，在网络进行预测时通常不使用。在 PyTorch 中，通过模型的 train 和 eval 方法来进行训练和预测模式的切换，如 List 3.7 和 List 3.8 所示。

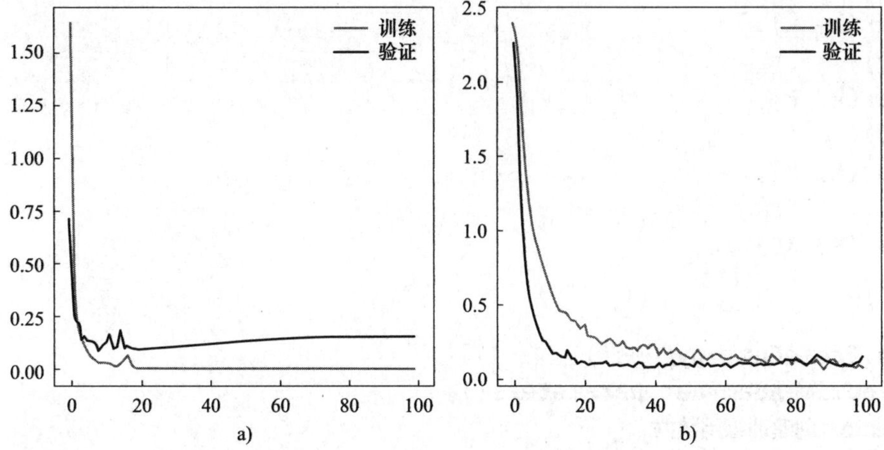

图 3.2 a）由于发生了过度学习，使得（验证数据）验证的损失函数值出现了增大。
b）通过 Dropout 的追加，抑制了过度学习的发生

List 3.7 用 train 和 eval 方法进行 Dropout 功能的切换①

In

```
# 随机以 0.5 的概率来降低变量的数量
# 向各层添加 Dropout，实现该层网络节点的丢弃
net = nn.Sequential(
    nn.Linear(64, k),
    nn.ReLU(),
    nn.Dropout(0.5),
    nn.Linear(k, k),
    nn.ReLU(),
    nn.Dropout(0.5),
    nn.Linear(k, k),
    nn.ReLU(),
    nn.Dropout(0.5),
    nn.Linear(k, k),
    nn.ReLU(),
    nn.Dropout(0.5),
    nn.Linear(k, 10)
)
```

List 3.8 用 train 和 eval 方法进行 Dropout 功能的切换②

In

```
optimizer = optim.Adam(net.parameters())

train_losses = []
```

```
test_losses = []
for epoch in range(100):
    running_loss = 0.0
    # 将网络设为训练模式
    net.train()
    for i, (xx, yy) in enumerate(loader):
        y_pred = net(xx)
        loss = loss_fn(y_pred, yy)
        optimizer.zero_grad()
        loss.backward()
        optimizer.step()
        running_loss += loss.item()
    train_losses.append(running_loss / i)
    # 将网络设为预测模式
    # 计算验证数据的损失函数
    net.eval()
    y_pred = net(X_test)
    test_loss = loss_fn(y_pred, Y_test)
    test_losses.append(test_loss.item())
```

3.3.2 通过 Batch Normalization 进行学习的加速

当采用 SGD 进行神经网络的学习训练时，重要的是要使得每个变量的以及变量的各维分量均具有相同的取值范围。在仅有一个层的线性模型中，只需要预先对数据进行 Batch Normalization 就足够了，但是在深度神经网络中，因为随着层的推进，数据的分布也在不断地发生变化，所以仅对输入数据进行 Batch Normalization 是不够的。除此之外，还存在学习中的网络参数会随着前一轮次的学习而变化，从而使得后轮的学习变得不稳定的问题。

Batch Normalization 是解决这些问题并稳定和加速学习的一种方法。Batch Normalization 也仅在网络学习训练期间采用（如 List 3.9 所示），而在网络评价期间不使用，和 Dropout 一样，使用 train 和 eval 方法进行 Batch Normalization 的切换。

List 3.9 通过 train 和 eval 方法进行 Batch Normalization 的切换

In

```
# 将BatchNorm1d应用于Linear层
net = nn.Sequential(
    nn.Linear(64, k),
    nn.ReLU(),
    nn.BatchNorm1d(k),
    nn.Linear(k, k),
```

```
    nn.ReLU(),
    nn.BatchNorm1d(k),
    nn.Linear(k, k),
    nn.ReLU(),
    nn.BatchNorm1d(k),
    nn.Linear(k, k),
    nn.ReLU(),
    nn.BatchNorm1d(k),
    nn.Linear(k, 10)
)
```

3.4 网络模块化

就像在面向对象程序设计中能够创建自己的类一样，PyTorch 也可以定义自己的网络层。通过该功能，用户可以创建自己的网络层，从而使得以后进行的网络重用变得更加容易，也可以将其作为一个部件来创建更加复杂的网络。

3.4.1 自有网络层（自定义层）的创建

要在 PyTorch 创建自己的网络层（自定义层），需要定义一个继承 nn.Module 的类。实际上，nn.Module 是所有层（如 nn.Linear）的基类。

对于自己创建的自定义层，如果调用 forward 方法，甚至能够实现自动微分。实际上，我已经将某 Variable 型的 x 像 net（x）那样通过网络进行了多次预测，这是由于 nn.Module 的 _ _call_ _ 方法在内部已经使用了 forward 方法，因此可以直接使用。

在 List 3.10 给出的示例中，创建了一个包含激活函数 ReLU 和 Dropout 的自定义线性层，并通过该自定义线性层实现了 3.3 节中所介绍的 MLP。如 List 3.10 所示的那样，代码变得更加简洁了。

List 3.10 创建一个包含激活函数 ReLU 和 Dropout 的自定义线性层，并通过该自定义线性层来进行 MLP 的实现

In

```
class CustomLinear(nn.Module):
    def __init__(self, in_features,
                 out_features,
                 bias=True, p=0.5):
        super().__init__()
        self.linear = nn.Linear(in_features,
                                out_features,
                                bias)
        self.relu = nn.ReLU()
        self.drop = nn.Dropout(p)

    def forward(self, x):
        x = self.linear(x)
        x = self.relu(x)
        x = self.drop(x)
        return x

mlp = nn.Sequential(
    CustomLinear(64, 200),
```

```
    CustomLinear(200, 200),
    CustomLinear(200, 200),
    nn.Linear(200, 10)
)
```

另外，也可以不像 List 3.11 那样使用 nn.Sequential，可以全部通过继承 nn.Module 的类来实现。

List 3.11 nn.Module 类继承的应用

In

```
class MyMLP(nn.Module):
    def __init__(self, in_features,
                 out_features):
        super().__init__()
        self.ln1 = CustomLinear(in_features, 200)
        self.ln2 = CustomLinear(200, 200)
        self.ln3 = CustomLinear(200, 200)
        self.ln4 = CustomLinear(200, out_features)

    def forward(self, x):
        x = self.ln1(x)
        x = self.ln2(x)
        x = self.ln3(x)
        x = self.ln4(x)
        return x

mlp = MyMLP(64, 10)
```

3.5 本章小结

在此，对本章所介绍的内容做一个总结。

MLP 是一个典型的神经网络，可以像线性模型一样采用梯度下降法来进行学习和训练。在学习过程中，无需进行具体的复杂微分的计算，因为 PyTorch 已经提供了自动微分的功能，所以网络学习部分可以采用与线性模型完全相同的代码。通过 Dataset 和 DataLoader 的使用可以轻松进行小批量学习，并且还可以使用大规模的数据进行网络的学习和训练。本章还对解决 MLP 过度学习的问题的对策——Dropout 进行了介绍。

除此之外，还介绍了稳定、加速学习的方法——Batch Normalization。通过 nn.Module 的类继承可以创建自己的自定义网络层。如果你觉得每次编写的网络结构都是类似的，那么你也可以创建一个自己的自定义网络层。

注意

关于第 4 章以后的示例

在第 4 章及后续各章中，我们均假定你已经执行了以下经常使用的 import 导入，并且每次都将其在列表中列出。

```
import torch
from torch import nn, optim
from torch.utils.data import (Dataset,
                              DataLoader,
                              TensorDataset)
import tqdm
```

第4章

4 图像处理和卷积神经网络

本章将介绍卷积神经网络（Convolutional Neural Network，CNN），该神经网络在计算机视觉以及图像分类等领域中得到了广泛使用。

2012年，在一个名为ILSVRC的图像识别竞赛中，多层CNN模型的使用不胜枚举，因此也成为深度学习引起如此广泛关注的起点。即使是现在，深度学习最常使用的领域还是计算机视觉（CV），尤其是CNN是一个非常活跃的领域，其中也出现了各种基于CNN的不同模型，例如VGG、ResNet和Inception等。

本章除了简单的基于CNN的图像分类之外，还将介绍迁移学习、超分辨率，以及基于GAN的图像生成等内容。

4.1 图像的卷积计算

以下对 CNN 中最基本的卷积计算进行简单介绍。

图像领域的卷积计算（Convolution）是指如图 4.1 所示的操作，在移动图像的小内核矩阵（或过滤器）时，进行各元素乘积之和求取的运算。例如，如图 4.1 所示，如果一个 3×3 内核矩阵的所有值都为 1/9，则这种卷积计算就相当于求取 9 个像素的平均值，即相当于图像的平滑化处理。

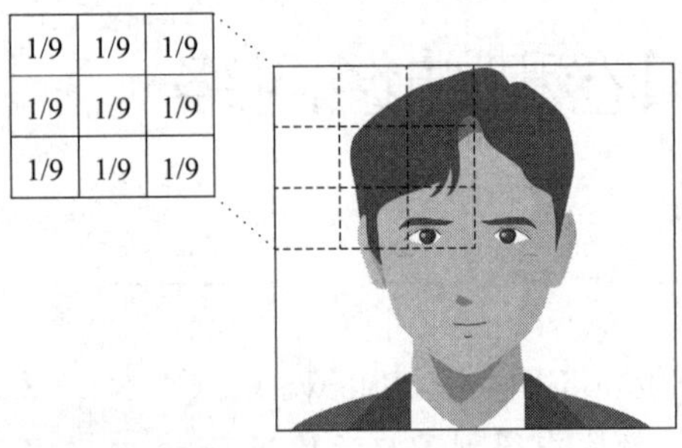

图 4.1 图像的卷积计算

通过改变内核矩阵的参数，图像的卷积还能够执行其他各种不同的操作，诸如提高图像的清晰度，进行图像的边缘提取等。换个角度看，内核矩阵和图像的卷积，也可以认为是利用内核矩阵从图像中进行特征量的提取。因此可以设想一下，如果预先准备多个不同内核矩阵，则可以进行不同特征的提取，并将其用于图像的分类；同时也可以通过内核矩阵各个参数值的学习，实现对于图像分类重要特征的自动提取（参见要点提示）。如此等等，即为 CNN 的基本思想。而且，卷积计算实际上是一种线性组合运算，并且可以进行微分，因此可以像 MLP 一样，通过梯度下降法来进行学习和训练。

要点提示

特征学习

通过内核矩阵各参数的学习，学习到能够实现所需要的重要特征量自动提取值，从而实现自动分类的过程，即为特征学习（Feature Learning）。

4.2 基于 CNN 的图像分类

以下利用 CNN 进行实际的图像分类。由于 PyTorch 中已经定义了卷积层的类，因此与第 3 章介绍 MLP 时的情形一样，可以直接采用已定义好的类进行 CNN 的图像分类模型的构建和训练。

基于 CNN 图像分类的基本工作流程是从卷积到 ReLU 等激活函数，并且需要将这个过程进行多次。图像数据以（C，H，W）的形式存储，其中 H 和 W 分别为图像的垂直和水平尺寸，C 为颜色值的个数，也被称为通道数。C 的起始为 C=1 或 C=3，但最终 C 的颜色值数将与最后一个卷积层内核矩阵的数量相同。通过此过程获得的特征量最终将被放入 MLP 中，进行最终类的判别，这通常需要与为了降低卷积后位置的灵敏度而经常要插入的池化层一起使用。基于 CNN 图像分类的神经网络通常也需要插入 Dropout 或 Batch Normalization。下面让我们看看 PyTorch 的实现情况。

4.2.1 Fashion-MNIST

MNIST 是一个 28 × 28 像素的单色手写数字数据集，也是一个用于图像分类的典型数据集。近年来，这个 MNIST 数据集也被认为过于简单了，因此提出了用 10 类服装图像数据构成的 Fashion-MNIST 数据集（参见要点提示）来代替 MNIST 手写数字数据集的提案，因此在此使用 Fashion-MNIST 数据集。Fashion-MNIST 也是一个 28 × 28 像素的单色图像数据集，其图像的组如图 4.2 所示。

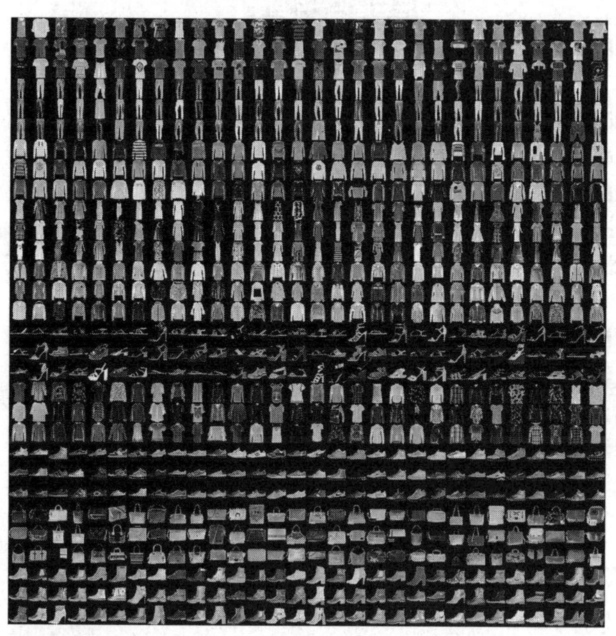

图 4.2 Fashion-MNIST 数据集的图像示例

要点提示

Fashion-MNIST

- zalandoresearch/fashion-mnist
  网址 https://github.com/zalandoresearch/fashion-mnist

torchvision 库是 PyTorch 的一个扩展库，通过这个程序库的使用可以像 List 4.1 所示的那样轻松地实现 Fashion-MNIST 数据集的下载，并将其转换为 PyTorch 的 Dataset，然后创建 DataLoader。请在 List 4.1 的代码 <your_path> 中指定任意一个目录，并将下载的数据存入其中。本书中，作者始终使用的是 $HOMNE/data 目录，用于所介绍示例的数据存储。

List 4.1 利用 Fashion-MNIST 数据集创建 DataLoader

In

```
from torchvision.datasets import FashionMNIST
from torchvision import transforms

# 训练数据的获取
# 保持 PIL（Python Imaging Library, Python 图像库）的图像格式
# Dataset 制作
# 通过 transforms.ToTensor 转换为 Tensor
fashion_mnist_train = FashionMNIST("<your_path>/FashionMNIST",
    train=True, download=True,                    任意指定一个目录
    transform=transforms.ToTensor())
# 测试数据的获取
fashion_mnist_test = FashionMNIST("<your_path>/FashionMNIST",
    train=False, download=True,                   任意指定一个目录
    transform=transforms.ToTensor())

# 创建每个批量大小为 128 的 DataLoader
batch_size=128
train_loader = DataLoader(fashion_mnist_train,
                          batch_size=batch_size, shuffle=True)
test_loader = DataLoader(fashion_mnist_test,
                         batch_size=batch_size, shuffle=False)
```

Out

```
Downloading http://fashion-mnist.s3-website. ➡
eu-central-1.amazonaws.com/train-images-idx3-ubyte.gz
Downloading http://fashion-mnist.s3-website. ➡
```

```
eu-central-1.amazonaws.com/train-labels-idx1-ubyte.gz
Downloading http://fashion-mnist.s3-website.➡
eu-central-1.amazonaws.com/t10k-images-idx3-ubyte.gz
Downloading http://fashion-mnist.s3-website.➡
eu-central-1.amazonaws.com/t10k-labels-idx1-ubyte.gz
Processing...
Done!
```

4.2.2 CNN 的构建与学习训练

利用 PyTorch 中预制的进行图像卷积的 nn.Conv2d 和进行池化的 nn.MaxPool2d 等工具，可以迅速完成一个 CNN 的构建。如 List 4.2 所示，构建了由两个卷积层和两个 MLP 层连接起来的简单的 CNN。

如之前所介绍的那样，在 PyTorch 中，nn.Linear 必须指定输入数据的维度，那么在 nn.Conv2d 和 nn.MaxPool2d 中，图像数据的维度将如何给定呢？在熟悉这些工具的应用之前，要进行图像数据维度的计算是非常困难的，因此，我们暂时添加了 torch.ones 函数，创建虚拟的数据进行实际的计算。

List 4.2 创建一个由两个卷积层和两个 MLP 层连接构成的 CNN

In

```
# 将 (N、C、H、W) 的 Tensor 拉伸到 (N, C × H × W) 的层
# 将卷积层的输出传递给 MLP 时需要
class FlattenLayer(nn.Module):
    def forward(self, x):
        sizes = x.size()
        return x.view(sizes[0], -1)

# 首先使用 5 × 5 的内核矩阵构建 32 个通道，然后再构建 64 个通道
# BatchNorm2d 是适用于图像数据的 Batch Normalization
# Dropout2d 是适用于图像数据的 Dropout
# 最后插入 FlattenLayer
conv_net = nn.Sequential(
    nn.Conv2d(1, 32, 5),
    nn.MaxPool2d(2),
    nn.ReLU(),
    nn.BatchNorm2d(32),
    nn.Dropout2d(0.25),
    nn.Conv2d(32, 64, 5),
    nn.MaxPool2d(2),
    nn.ReLU(),
```

```
    nn.BatchNorm2d(64),
    nn.Dropout2d(0.25),
    FlattenLayer()
)

# 通过卷积，最终会成为什么尺寸？
# 通过虚拟数据进行实际确认
test_input = torch.ones(1, 1, 28, 28)
conv_output_size = conv_net(test_input).size()[-1]

# 两层 MLP
mlp = nn.Sequential(
    nn.Linear(conv_output_size, 200),
    nn.ReLU(),
    nn.BatchNorm1d(200),
    nn.Dropout(0.25),
    nn.Linear(200, 10)
)

# 最终的 CNN
net = nn.Sequential(
    conv_net,
    mlp
)
```

接下来进行用于训练和验证的辅助函数的创建，如 List 4.3 所示。

List 4.3 用于训练和验证的辅助函数的创建

In

```
# 验证用辅助函数
def eval_net(net, data_loader, device="cpu"):
    # 将 Dropout 和 BatchNorm 切换到无效状态
    net.eval()
    ys = []
    ypreds = []
    for x, y in data_loader:
        # 通过 to 方法传递到执行计算的设备
        x = x.to(device)
        y = y.to(device)
        # 预测概率最大的类（参照 List 2.14）
        # 在此只进行 forward（推论）的计算
```

```
        # 因此需要将自动微分功能置为 off，关闭不必要的计算
        with torch.no_grad():
            _, y_pred = net(x).max(1)
        ys.append(y)
        ypreds.append(y_pred)
    # 将每个小批量的预测结果汇总在一起
    ys = torch.cat(ys)
    ypreds = torch.cat(ypreds)
    # 预测精度的计算
    acc = (ys == ypreds).float().sum() / len(ys)
    return acc.item()

# 训练用辅助函数
def train_net(net, train_loader, test_loader,
              optimizer_cls=optim.Adam,
              loss_fn=nn.CrossEntropyLoss(),
              n_iter=10, device="cpu"):
    train_losses = []
    train_acc = []
    val_acc = []
    optimizer = optimizer_cls(net.parameters())
    for epoch in range(n_iter):
        running_loss = 0.0
        # 将网络设为训练模式
        net.train()
        n = 0
        n_acc = 0
        # 因为时间非常长，所以使用 tqdm 添加一个进度条
        for i, (xx, yy) in tqdm.tqdm(enumerate(train_➡
loader),
            total=len(train_loader)):
            xx = xx.to(device)
            yy = yy.to(device)
            h = net(xx)
            loss = loss_fn(h, yy)
            optimizer.zero_grad()
            loss.backward()
            optimizer.step()
            running_loss += loss.item()
            n += len(xx)
            _, y_pred = h.max(1)
            n_acc += (yy == y_pred).float().sum().item()
```

```
        train_losses.append(running_loss / i)
        # 训练数据的预测精度
        train_acc.append(n_acc / n)
        # 验证数据的预测精度
        val_acc.append(eval_net(net, test_loader, ➡
device))
        # 显示这个 epoch 中的结果
        print(epoch, train_losses[-1], train_acc[-1],
              val_acc[-1], flush=True)
```

到此，准备工作已经完成。接下来的 List 4.4，其计算时间将非常长，因此强烈建议使用 GPU 进行学习和训练，并将学习和训练的进展情况显示在画面上。

List 4.4 执行将所有网络参数传递到 GPU 的训练

In

```
# 将所有网络参数传递给 GPU
net.to("cuda:0")

# 执行训练
train_net(net, train_loader, test_loader, n_iter=20, ➡
device="cuda:0")
```

Out

```
100%|**| 469/469 [00:04<00:00, 99.15it/s]
0 0.3919695211717716 0.8644 0.8826999664306641
100%|**| 469/469 [00:04<00:00, 99.95it/s]
1 0.2403168466228705 0.9113166666666667 0.896399974822998
100%|**| 469/469 [00:04<00:00, 104.50it/s]
2 0.19925596131982967 0.9264666666666667 0.9075999855995178
100%|**| 469/469 [00:04<00:00, 101.92it/s]
3 0.1674202884045931 0.9389833333333333 0.9089999794960022
100%|**| 469/469 [00:04<00:00, 97.87it/s]
4 0.1434261213399024 0.9478833333333333 0.9157999753952026
(…省略…)
16 0.15790939249862462 0.9412 0.9212999939918518
100%|**| 469/469 [00:10<00:00, 99.87it/s]
17 0.15936664253887203 0.94075 0.9160999655723572
100%|**| 469/469 [00:10<00:00, 99.87it/s]
18 0.15373828040006068 0.9216833333333333 0.9128999710083008
100%|**| 469/469 [00:11<00:00, 100.87it/s]
19 0.1528856101740374 6 0.9264 0.913999780654907
```

在本书的验证环境中，经过20次循环迭代的学习训练之后，验证得到的最好精度为0.926。

除此之外，还分别使用了core-i7 7700K CPU和GTX1060 GPU进行了验证，结果是GPU的计算速度是CPU的5倍。当使用同为两层的MLP完成上述操作时，得到的最佳结果为0.88，因此我们可以看到通过卷积可以有效地进行图像特征的学习。

4.3 迁移学习

本节介绍了一种在神经网络中发现的非常独特且有用的学习方法，称为迁移学习。迁移学习可以将已经针对一项任务训练成的模型，再次用于另一项任务，从而无需大量的训练数据也可以实现复杂的神经网络的训练。

迁移学习也可以应用于 CNN 的各种模型，其中 VGG（参见要点提示）、Inception（参见要点提示）、ResNet（参见要点提示）等以其极高的预测精确度而闻名。另一方面，这些模型具有非常复杂的网络结构，其中含有大量的网络参数。为了在不出现过度学习的情况下实现网络参数的优化，则需要大量的训练图像来进行学习。对于这些大量的训练图像来说，不仅是图像收集，为每个图像进行标记都将是非常困难的。

虽然可以使用 CIFAR-10（参见要点提示）和 ImageNet（参见要点提示）等具有标记的通用数据集进行研究，但实际上如果想要使用针对任务的实际图像来进行模型的学习和训练，则需要进行上述这样复杂而艰苦的工作，而且很多情况下，还存在无法获得原始图像数据的情形。幸运的是，有一个有效的方法可以解决这些问题，那就是迁移学习。

要点提示

VGG

由牛津大学的 VGG 小组提出的模型，其特征是通过设置许多小的内核矩阵（如 3×3）来提高模型的表现力。

- VERY DEEP CONVOLUTIONAL NETWORKS FOR LARGE-SCALE IMAGE RECOGNITION
  网址 https://arxiv.org/pdf/1409.1556.pdf

要点提示

Inception

也称为 GoogLeNet。它是一个模型，通过合并一个近似于稀疏 CNN 的结构（称为 Inception 模块），在减少参数总量的同时成功实现了模型的深层化。

- Going deeper with convolutions
  网址 https://arxiv.org/pdf/1409.4842v1.pdf

要点提示

ResNet

它具有名为 Residual 模块的快捷结构，通过将前一层的输入直接传递到下一层，这样梯度更容易传达，这是一种改良的网络结构，即使在较深结构的神经网络中也能进行高效的学习和训练。

- Deep Residual Learning for Image Recognition
  网址 https://arxiv.org/pdf/1512.03385.pdf

要点提示

CIFAR-10

CIFAR-10 一般用来作为图像识别的标准数据集。对飞机、汽车、鸟类、猫等 10 个类别分别准备了 5000 张训练图像和 1000 张测试图像，总计 60000 张图像。

- The CIFAR-10 dataset
  网址 http://www.cs.toronto.edu/~kriz/cifar.html

要点提示

ImageNet

ImageNet 是为图像识别研究而建立的超大规模的数据集，而且还用于被称为 ILSVRC 的图像识别竞赛。ImageNet 拥有超过 20000 个类别和 1400 万张的图片数据。

- ImageNet
  网址 http://www.image-net.org/

迁移学习（Transfer Learning）是将在某个任务（也称为领域）中得到的模型很好地转移到另一项任务的技术的总称。从经验上可以了解到，在用于图像识别的神经网络中，如果将预先训练学习的神经网络其他层的所有参数进行固定，并只在最后输出的线性层重新进行新任务数据的学习，也能顺利获得良好的预测效果，这也即为迁移学习。特别是在使用 ImageNet 这样大规模的图像识别数据集的情况下，对公众开放预先学习的各种网络（如 ResNet）的网络参数，这将使其成为迁移学习的理想选择。

至于为什么会出现迁移学习这样的结果呢？据我所知，尚无理论解释其工作原理，目前公认的解释是，之前的模型已经成功提取了 CNN 较低层中图像识别所需的一般特征。

4.3.1 数据准备

现在，让我们尝试使用 PyTorch 进行迁移学习。在这里，我将以自己喜欢吃的墨西哥代表性料理——墨西哥卷饼（Taco）和墨西哥玉米煎饼（Burrito）为例，挑战一下将两者进行分类，如图 4.3 所示。需要顺便说一句的是，墨西哥卷饼和墨西哥玉米煎饼都是用玉米饼包着肉和蔬菜的料理，只是墨西哥卷饼用的是玉米做的玉米饼，而墨西哥玉米煎饼用的是小麦粉和玉米做的饼，并且尺寸一般比墨西哥卷饼要大一些。

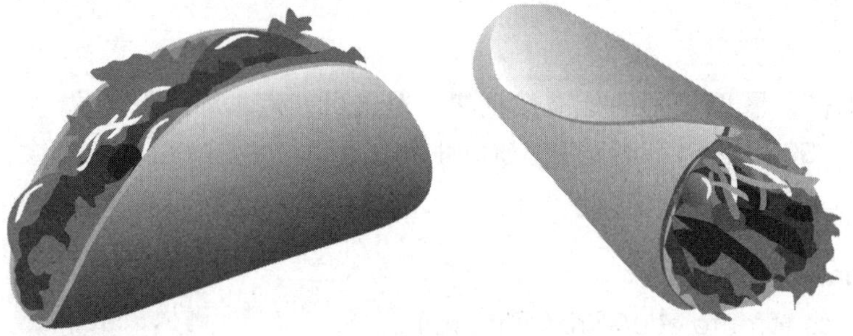

图 4.3 左边是墨西哥卷饼，右边是墨西哥玉米煎饼

对于这两种料理的分类，我预先从网站上获取了调整大小后的图片，分别为这两种料理各准备了 400 张左右，所以就采用这些图片来进行分类。读者可以从下面的网址进行图片的下载，并将其解压到方便查看的目录中。

- **实现墨西哥料理的卷饼（Taco）和玉米煎饼（Burrito）的分类数据**
  网址 https://github.com/lucidfrontier45/PyTorch-Book/raw/master/data/taco_and_burrito.tar.gz

进行分类数据存储的文件结构如图 4.4 所示。

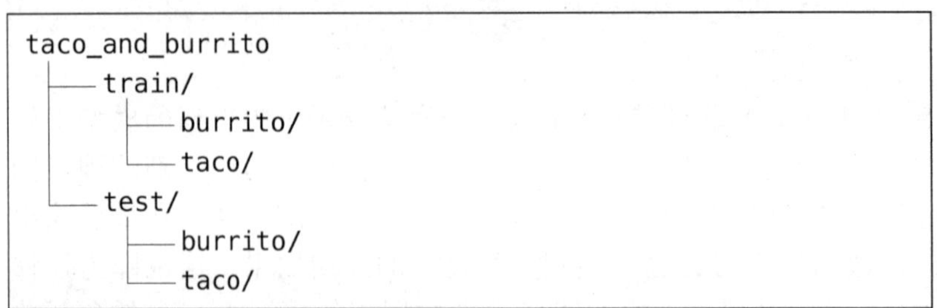

```
taco_and_burrito
  ├── train/
  │     ├── burrito/
  │     └── taco/
  └── test/
        ├── burrito/
        └── taco/
```

图 4.4 分类数据存储的文件结构

要点提示

在 Colaboratory 中进行压缩文件的解压、文件目录的创建及移动

在 Colaboratory 的环境下，执行以下指令。

```
!wget https://github.com/lucidfrontier45/PyTorch-Book/
raw/master/data/taco_and_burrito.tar.gz
!tar -zxvf taco_and_burrito.tar.gz
```

每个测试数据集中各有 30 张图片，其余的所有图片均作为训练数据。如果设置了以上的文件目录结构，则可以通过 torchvision 的 ImageFolder 来进行图片数据的读取，并轻松地将其转换成 Dataset。

在 PyTorch 中，经过学习和训练的 ImageNet 模型将接受 224×224 像素的图像作为模型的输入，所以需要将图片裁剪成这个尺寸。在此，学习数据采用的是随机裁剪（RandomCrop），以获得更可靠的学习结果，而验证数据采用的是中心裁剪（CenterCrop），如 List 4.5 所示。

List 4.5 DataLoader 的创建

In

```
from torchvision.datasets import ImageFolder
from torchvision import transforms

# 通过 ImageFolder 函数进行 Dataset 的创建
train_imgs = ImageFolder(
    "<your_path>/train/",                    任意指定一个目录
    transform=transforms.Compose([
      transforms.RandomCrop(224),
      transforms.ToTensor()]
))
test_imgs = ImageFolder(
    "<your_path>/test/",                     任意指定一个目录
    transform=transforms.Compose([
        transforms.CenterCrop(224),
        transforms.ToTensor()]
))

# DataLoader 的创建
train_loader = DataLoader(
    train_imgs, batch_size=32, shuffle=True)
```

```
test_loader = DataLoader(
    test_imgs, batch_size=32, shuffle=False)
```

通过使用 ImageFolder，可以进行一个数据集的创建，该数据集将指定目录的子目录名作为类名称，并返回该子目录下的图像和类索引的数组。如 List 4.6 所示，可以确认类名称和类索引之间的对应关系。

List 4.6 类名称和类索引对应关系的查看

In

```
print(train_imgs.classes)
```

Out

```
['burrito', 'taco']
```

In

```
print(train_imgs.class_to_idx)
```

Out

```
{'burrito': 0, 'taco': 1}
```

至此，数据的准备就完成了，可以开始进行神经网络的学习和训练了。

4.3.2 通过 PyTorch 进行迁移学习

通过 PyTorch 进行迁移学习，首先需要进行已经完成预学习（Pre-trained）模型的加载，在这里使用 ResNet18 模型，并通过新添加一个命名为 fc 的输出线性层来替换模型中原有的输出线性层 fc。在应用该模型时，第一步需要将模型的所有参数从微分对象中去除，然后通过 fc 方法为其设置一个新的输出线性层。由于这里进行的是二元的分类，所以将输出线性层的维度设置为 2，如 List 4.7 所示。因为新设置的层的参数默认是微分的对象，所以在新的学习训练过程中只对最后添加的输出线性层进行微分。

List 4.7 已完成预学习（Pre-trained）模型的加载和定义[㊀]

In

```
from torchvision import models

# 已完成预学习的 resnet18 的加载
```

㊀ 在 Ubuntu 环境下，对于已完成预学习模型的再学习，需要删除 .torch/models/resnet18-5c106cde.pth。

```
net = models.resnet18(pretrained=True)

# 将所有参数排除在微分对象之外
for p in net.parameters():
    p.requires_grad=False

# 最后的输出线性层的替换
fc_input_dim = net.fc.in_features
net.fc = nn.Linear(fc_input_dim, 2)
```

Out

```
Downloading: "https://download.pytorch.org/models/➡
resnet18-5c106cde.pth" to /content/.torch/models/➡
resnet18-5c106cde.pth
100%|**| 46827520/46827520 [00:03<00:00, 11991926.36it/s]
```

这就是模型定义的全部内容，实现过程就是这么简单！之后，我们将像以前进行的那样，编写模型的训练函数。唯一有区别的地方是，在此仅需要将 fc 的参数传递给优化器 optimizer（如 List 4.8 所示），并在 GPU 上进行运行（如 List 4.9 所示）。

List 4.8 模型训练函数的描述

In

```
def eval_net(net, data_loader, device="cpu"):
    # 使 Dropout 和 BatchNorm 无效
    net.eval()
    ys = []
    ypreds = []
    for x, y in data_loader:
        # 通过 to 方法传递到用该方法进行计算的设备中
        x = x.to(device)
        y = y.to(device)
        # 在这里进行具有最高概率类的预测（参见 List 2.14）
        # 由于关闭了自动微分所需的处理
        # 因此仅执行前向（forward）的计算，从而省略了不必要的其他计算
        with torch.no_grad():
            _, y_pred = net(x).max(1)
        ys.append(y)
        ypreds.append(y_pred)
    # 将每个小批量的预测结果等数据汇总在一起
    ys = torch.cat(ys)
    ypreds = torch.cat(ypreds)
```

```
    # 预测准确度的计算
    acc = (ys == ypreds).float().sum() / len(ys)
    return acc.item()

def train_net(net, train_loader, test_loader,
              only_fc=True,
              optimizer_cls=optim.Adam,
              loss_fn=nn.CrossEntropyLoss(),
              n_iter=10, device="cpu"):
    train_losses = []
    train_acc = []
    val_acc = []
    if only_fc:
        # 只将最后一个输出线性层的参数
        # 传递给优化器 optimizer
        optimizer = optimizer_cls(net.fc.parameters())
    else:
        optimizer = optimizer_cls(net.parameters())
    for epoch in range(n_iter):
        running_loss = 0.0
        # 将网络设为训练模式
        net.train()
        n = 0
        n_acc = 0
        # 因为需要花费很长的时间，所以用 tqdm 给出进度指示条
        for i, (xx, yy) in tqdm.tqdm(enumerate(train_➡
loader),
            total=len(train_loader)):
            xx = xx.to(device)
            yy = yy.to(device)
            h = net(xx)
            loss = loss_fn(h, yy)
            optimizer.zero_grad()
            loss.backward()
            optimizer.step()
            running_loss += loss.item()
            n += len(xx)
            _, y_pred = h.max(1)
            n_acc += (yy == y_pred).float().sum().item()
        train_losses.append(running_loss / i)
        # 训练数据的预测准确度
        train_acc.append(n_acc / n)
        # 检测数据的预测准确度
```

```
        val_acc.append(eval_net(net, test_loader, ➡
device))
        # 显示该 epoch 的结果
        print(epoch, train_losses[-1], train_acc[-1],
              val_acc[-1], flush=True)
```

List 4.9 将所有参数传送给 GPU 并执行训练

In

```
# 将网络的所有参数传递给 GPU
net.to("cuda:0")

# 训练的执行
train_net(net, train_loader, test_loader, n_iter=20, ➡
device="cuda:0")
```

Out

```
100%|**| 23/23 [00:02<00:00,  9.56it/s]
0 0.6974282251162962 0.601123595505618 0.8333333730697632
100%|**| 23/23 [00:01<00:00, 11.78it/s]
1 0.517780906774781 0.773876404494382 0.8500000238418579
(…略…)
100%|**| 23/23 [00:01<00:00, 11.81it/s]
8 0.39653965492140164 0.848314606741573 0.8500000238418579
100%|**| 23/23 [00:02<00:00, 11.34it/s]
9 0.3141689578240568 0.8806179775280899 0.8833333849906921
(…略…)
```

由于 ResNet18 是一个相当庞大的神经网络，所以我们建议在此处也需要使用 GPU 来进行学习和训练。在本书的环境中，采用 GPU 来进行学习和训练的速度大约是 CPU 的 10 倍。将该程序进行大约 10 次的执行之后，验证数据的准确率达到了 88%，如 List 4.9 所示。

需要注意的是，由于除了 fc 层以外，其他层的参数均未发生更改，因此可以说每次的学习训练都执行了相同的徒劳、复杂的卷积计算，这个计算浪费了设备的计算资源。因此最好是预先对一个具有相同输入、输出的逻辑回归模型进行学习和训练，然后将最后得到的 fc 层移植到 ResNet 模型中。进行 fc 层替换的方法有很多种，但是通过创建一个按原样输入输出的虚拟层来进行 fc 的替换则会更加通用，如 List 4.10 所示。

此外，通过使用本书创建的 List 4.11 这样的 CNN，其学习速度大约只有迁移学习模型的一半，预测准确率也大概只有 70%，由此可以看出迁移学习的重要性。

List 4.10 按原样输入输出创建一个虚拟层，并进行 fc 层的替换

In

```
class IdentityLayer(nn.Module):
    def forward(self, x):
        return x

net = models.resnet18(pretrained=True)
for p in net.parameters():
    p.requires_grad=False
net.fc = IdentityLayer()
```

List 4.11 本书创建的 CNN 模型的学习训练

In

```
conv_net = nn.Sequential(
    nn.Conv2d(3, 32, 5),
    nn.MaxPool2d(2),
    nn.ReLU(),
    nn.BatchNorm2d(32),
    nn.Conv2d(32, 64, 5),
    nn.MaxPool2d(2),
    nn.ReLU(),
    nn.BatchNorm2d(64),
    nn.Conv2d(64, 128, 5),
    nn.MaxPool2d(2),
    nn.ReLU(),
    nn.BatchNorm2d(128),
    FlattenLayer()
)

# 通过卷积最终将变成怎样的尺寸？
# 需要通过实际数据进行确认
test_input = torch.ones(1, 3, 224, 224)
conv_output_size = conv_net(test_input).size()[-1]

# 最终的 CNN
net = nn.Sequential(
    conv_net,
    nn.Linear(conv_output_size, 2)
)

# 训练的执行
```

```
train_net(net, train_loader, test_loader, n_iter=10,
          only_fc=False)
```

Out

```
100%|**| 23/23 [00:03<00:00,  7.41it/s]
0 2.2579465102065694 0.5898876404494382 0.5
100%|**| 23/23 [00:03<00:00,  7.53it/s]
1 2.665352626280351 0.6137640449438202 0.550000011920929
(…略…)
100%|**| 23/23 [00:03<00:00,  7.37it/s]
9 2.2272912561893463 0.675561797752809 0.7000000476837158
```

4.4 通过 CNN 回归模型提高图像分辨率

我们已经看到了使用 CNN 的分类问题，但是 CNN 也可以用于回归问题。具体来说，你可以使用 CNN 将图像转换为另一图像。在这里，我将基于一个有趣的示例（如法医戏剧）进行说明，该示例使用 CNN 来提高面部图像的分辨率。

第 4 章的内容到目前为止，主要涉及的是分类问题，但是正如第 2 章的线性模型所介绍的那样，神经网络同样也可以处理回归和分类两方面的问题。

回归问题的有趣示例包括图像的放大以及分辨率的提高。在此，对于各种人脸的图像数据，准备了一个 128 × 128 像素的图像（y）和缩小为 32 × 32 像素的图像（x），并将通过 CNN 模型的训练，使得 x 随 CNN 模型放大后的结果与 y 之间的误差尽可能地减小，以此来对 CNN 模型进行训练，以实现图像分辨率的提高。

4.4.1 数据准备

在此使用具有代表性的人脸图像数据集 Labeled Faces in the Wild（LFW），特别是为了使人脸图像垂直排列而将数据集设定为 LFW deep funneled images 数据集。在下面的网站中，单击位于网页前半部分的 All images aligned with deep funneling 链接可以进行数据的下载。

- Labeled Faces in the Wild Home
  网址 http://vis-www.cs.umass.edu/lfw/

在下载并对该文件进行解压缩后，其中有很多以人名命名的目录，我们需要对其进行适当的划分，以确定用于学习的训练数据集和用于验证的测试数据集，并建立如图 4.5 所示的目录结构。本书将名字以 X、Y、Z 开头的人脸数据划分到测试数据集，并将其余的人脸数据划分到训练数据集。

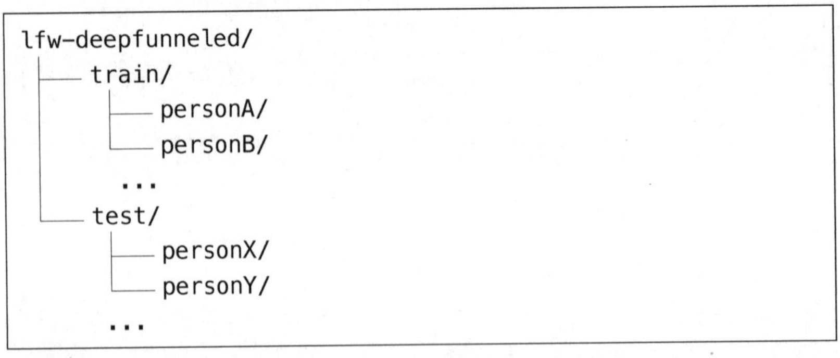

图 4.5 LFW deep funneled image 的目录

要点提示

在 Colaboratory 环境下进行压缩文件的解压、文件目录的创建和移动

在 Colaboratory 环境下，执行以下指令。

```
!wget http://vis-www.cs.umass.edu/lfw/lfw-deepfunneled.tgz
!tar xf lfw-deepfunneled.tgz
!mkdir lfw-deepfunneled/train
!mkdir lfw-deepfunneled/test
!mv lfw-deepfunneled/[A-W]* lfw-deepfunneled/train
!mv lfw-deepfunneled/[X-Z]* lfw-deepfunneled/test
```

○ Dataset 和 DataLoader 的准备

接下来，进行 Dataset 和 DataLoader 的准备。这里设定了将 32×32 像素的图像放大到 128×128 像素的问题，因此，如 List 4.12 所示，通过 torchvision 的 Resize 进行 ImageFolder 的扩展，并返回由（小图像，大图像）格式的数组所构成的 Dataset。除此之外，Resize 还以（h，w）格式的数组或单一的整数来指定变换后的图像尺寸。如果是通过单一的整数来指定，则按指定的大小对图像进行调整，如果是通过数组来指定，则将纵向和横向中较短的尺寸调整为指定的大小，剩余的另一个方向则以相同的比例进行变换。

另外，这里使用的 LFW 的数据集全部都是 250×250 像素的正方形图像，但是通常图像的大小会有所不同，因此，如果要使用正方形的图像，则应将 CenterCrop 裁剪放在 Resize 之后（在此未给出具体的示例）。

List 4.12 将 32×32 像素的图像放大到 128×128 像素

In

```
class DownSizedPairImageFolder(ImageFolder):
    def __init__(self, root, transform=None,
                 large_size=128, small_size=32, **kwds):
        super().__init__(root, transform=transform, **kwds)
        self.large_resizer = transforms.Resize(large_size)
        self.small_resizer = transforms.Resize(small_size)

    def __getitem__(self, index):
        path, _ = self.imgs[index]
        img = self.loader(path)

        # 读取的图像为 128 × 128 像素，将进行调整，转换成大小为 32 × 32 像素的图像
        large_img = self.large_resizer(img)
```

```
        small_img = self.small_resizer(img)

        # 适用其他转换
        if self.transform is not None:
            large_img = self.transform(large_img)
            small_img = self.transform(small_img)

        # 返回 32 × 32 像素图像和 128 × 128 像素图像
        return small_img, large_img
```

○ 用于训练和验证的 DataLoader 的创建

接下来，我们将使用如 List 4.13 所示的示例程序来进行 DataLoader 的创建，以用于模型的训练和验证。另外，由于此处用于图像大小调整等数据处理的 CPU 运算很多，因此我们在此添加了 DataLoader 的 num_workers，通过多 CPU 的并行处理以提高整体的吞吐量。在本书的环境中，CPU 具有 4 个内核，因此指定 num_workers = 4。

这样就完成了数据准备。

List 4.13 用于训练和验证的 DataLoader 的创建

In

```
train_data = DownSizedPairImageFolder(
    "<your_path>/lfw-deepfunneled/train",          任意指定一个目录
    transform=transforms.ToTensor())
test_data = DownSizedPairImageFolder(
    "<your_path>/lfw-deepfunneled/test",           任意指定一个目录
    transform=transforms.ToTensor())

batch_size = 32
train_loader = DataLoader(train_data, batch_size=batch_size,
                          shuffle=True, num_workers=4)
test_loader = DataLoader(test_data, batch_size=batch_size,
                         shuffle=False, num_workers=4)
```

4.4.2 模型的创建

在模型的创建时，在 Conv2d 和 ConvTransposed2d 中设置了 stride=2 的步幅，以此建立卷积的 CNN 模型。stride=2 的设定是在卷积的过程中，卷积内核矩阵平移时将移动两个像素。在 Conv2d 中进行此设定也可以起到池化层的作用，因此即使不加 MaxPool2d，图像的尺寸也会变成原来的一半。

另一方面，ConvTransposed2d 是一种称为 Transmitted Convolution 的卷积操作，当将卷积核扩展为矩阵时，在进行常规卷积运算时将该矩阵进行转置（Transpose）。使用步幅为 2 的转置卷积将使图像的大小增加一倍左右。也就是说，输入和输出图像的大小与正常卷积恰好相反。可以使用此属性来进行图像的放大。

在 List 4.14 中，给出了一个带有两个 Conv2d 和四个 ConvTransposed2d 的 CNN 模型。图像通过该模型的卷积运算后，图像会扩大到原来的 4 倍。激活函数可以选择 ReLU，也可以使用 Batch Normalization。在卷积计算的情况下，图像尺寸会与 2 倍或一半时有少量的偏差，所以需要加入 padding（填充）进行少量的调整。在该区域中，最好插入虚拟数据并通过反复试验检查输出图像的大小。

List 4.14 模型的创建

In

```
net = nn.Sequential(
    nn.Conv2d(3, 256, 4,
              stride=2, padding=1),
    nn.ReLU(),
    nn.BatchNorm2d(256),
    nn.Conv2d(256, 512, 4,
              stride=2, padding=1),
    nn.ReLU(),
    nn.BatchNorm2d(512),
    nn.ConvTranspose2d(512, 256, 4,
                       stride=2, padding=1),
    nn.ReLU(),
    nn.BatchNorm2d(256),
    nn.ConvTranspose2d(256, 128, 4,
                       stride=2, padding=1),
    nn.ReLU(),
    nn.BatchNorm2d(128),
    nn.ConvTranspose2d(128, 64, 4,
                       stride=2, padding=1),
    nn.ReLU(),
    nn.BatchNorm2d(64),
    nn.ConvTranspose2d(64, 3, 4,
                       stride=2, padding=1)
)
```

由于已经完成了网络的定义，所以下面将实施模型的学习和训练。与之前分类问题时不同的是，由于是回归问题，所以在损失函数中使用了 MSE。通过对 CNN 模型的学习和训练，使得原始图像和放大图像之间的 MSE 最小化。除了创建 nn.MSELoss 类的实例之外，还可以使用函数 nn.functional.mse_loss 来进行 MSE 的计算（参见要点提示）。在图像和声音等信号的恢复问题中，通常不使用 MSE，而是使用 PSNR（峰值信噪比），所以在此也可以用 PSNR 来显示最终的结果。但是，由于 PSNR 与 MSE 一一对应，所以这也并不总是必需的。PSNR 可以通过以下公式来计算。

```
PSNR = 10 log10 (MAX_I^2 / MSE)
```

要点提示

nn.functional

nn.functional 的命名空间提供了可以直接使用 nn 定义的各种类的函数。

MAX_I 是信号强度的最大值，在 8 位无符号且是整数的情况下，其最大值为 255。但是在 PyTorch 中，因为用位于区间 [0,1] 的实数表示图像，所以用 1 代替 MAX_I，如 List 4.15 所示。

List 4.15 PSNR 的计算

In

```
import math
def psnr(mse, max_v=1.0):
    return 10 * math.log10(max_v**2 / mse)

# 验证用辅助函数
def eval_net(net, data_loader, device="cpu"):
    # 使 Dropout 和 BatchNorm 无效
    net.eval()
    ys = []
    ypreds = []
    for x, y in data_loader:
        x = x.to(device)
        y = y.to(device)
        with torch.no_grad():
            y_pred = net(x)
        ys.append(y)
        ypreds.append(y_pred)
    # 将每个小批量的预测结果进行归并
    ys = torch.cat(ys)
    ypreds = torch.cat(ypreds)
    # 预测准确度 (MSE) 的计算
    score = nn.functional.mse_loss(ypreds, ys).item()
    return score
```

```
# 训练用辅助函数
def train_net(net, train_loader, test_loader,
              optimizer_cls=optim.Adam,
              loss_fn=nn.MSELoss(),
              n_iter=10, device="cpu"):
    train_losses = []
    train_acc = []
    val_acc = []
    optimizer = optimizer_cls(net.parameters())
    for epoch in range(n_iter):
        running_loss = 0.0
        # 将网络置于训练模式
        net.train()
        n = 0
        score = 0
        # 由于花费的时间会很长
        # 因此通过 tqdm 给出进度条显示
        for i, (xx, yy) in tqdm.tqdm(enumerate(train_➡
loader),
            total=len(train_loader)):
            xx = xx.to(device)
            yy = yy.to(device)
            y_pred = net(xx)
            loss = loss_fn(y_pred, yy)
            optimizer.zero_grad()
            loss.backward()
            optimizer.step()
            running_loss += loss.item()
            n += len(xx)
        train_losses.append(running_loss / len(train_➡
loader))
        # 验证数据的预测准确度
        val_acc.append(eval_net(net, test_loader, ➡
device))
        # 显示当前 epoch 的结果
        print(epoch, train_losses[-1],
              psnr(train_losses[-1]), psnr(➡
val_acc[-1]), flush=True)
```

在 GPU 上重复进行 10 次左右循环迭代的学习训练情况如 List 4.16 所示。

List 4.16 多次循环迭代的学习训练（10 次）

In

```
net.to("cuda:0")
train_net(net, train_loader, test_loader, device="cuda:0")
```

Out

```
100%|**| 409/409 [00:39<00:00, 10.48it/s]
0 0.017855500012253635 17.482279836385406 25.252477575679613
100%|**| 409/409 [00:39<00:00, 10.45it/s]
1 0.0032189228471760207 24.922894325866054 24.594987626612376
(…略…)
100%|**| 409/409 [00:39<00:00, 10.40it/s]
9 0.0021821165788681917 26.611220510864925 27.10737505859327
```

至此，我们完成了 CNN 模型的训练。如 List 4.17 所示，可以实际放大一些图像，并将其与原始图像进行比较。另外，也将用常用的双线性插值法放大的示例作为图像输出，一并进行比较。图像的输出使用 torchvision.utils.save_image（参见要点提示）会很方便，该函数可以接收 Tensor 列表，并可以将它们导出为网格视图中的图像文件。

要点提示

- torchvision.utils.save_image
  网址 https://pytorch.org/docs/stable/torchvision/utils.html

List 4.17 放大图像与原始图像的比较

In

```
from torchvision.utils import save_image

# 通过 DataLoader 从测试数据集中随机抽取 4 张图片
random_test_loader = DataLoader(test_data, batch_➡
size=4, shuffle=True)
# 将 DataLoader 转换为 Python 迭代器进行 4 个样例的引用
it = iter(random_test_loader)
x, y = next(it)

# 通过 Bilinear 进行放大
bl_recon = torch.nn.functional.upsample(x, 128, mode=➡
"bilinear", align_corners=True)
# 通过 CNN 进行放大
```

```
yp = net(x.to("cuda:0")).to("cpu")

# 通过 torch.cat 对原始图像与 Bilinear、CNN 放大的图像进行汇总
# 使用 save_image 进行图像文件的导出
save_image(torch.cat([y, bl_recon, yp], 0), "cnn_➡
upscale.jpg", nrow=4)
```

Out

```
# 参照图 4.6 (Colaboratory 的情况下（参见要点提示）的图像显示)
```

通过示例得到的图片放大效果如图 4.6 所示。通过以这种方式进行 CNN 模型的应用，可以创建与双线性插值（Bilinear）不同的高质量放大图像。

图 4.6 人脸图像放大的结果：原始图像（顶部）、双线性插值（中间）、CNN（底部）

要点提示

Colaboratory 中图像的显示

Colaboratory 的环境下，执行以下指令进行图像的显示。

```
from IPython.display import Image,display_jpeg
display_jpeg(Image('cnn_upscale.jpg'))
```

4.5 基于 DCGAN 的图像生成

最后，我们将介绍通过对抗生成网络（Generative Adversarial Network，GAN），特别是与 CNN 相结合的深度卷积对抗生成网络（Deep Convolutional Generative Adversarial Network，DCGAN），这种具有一个夸张名称的模型来进行的图像生成。GAN 是当前深度学习领域中最热门的主题之一，并且已经提出了包括 DCGAN 在内的各种模型。由于它可以进行图像的实际生成，因此该技术也引起了广泛的关注。

4.5.1 什么是 GAN

G 是一个神经网络，它以 K 维潜在特征向量为输入，并以与目标相同的格式进行数据的生成（如 64×64 像素的图像）。D 也是一个神经网络，它使用目标数据作为输入，对生成数据进行真实性的判别，其工作方式与我们此前所介绍的神经网络模型相同。以下是在不使用数学公式的情况下，通过语言对 GAN 学习过程的一般说明。

1. 首先由随机数生成一个潜在的特征向量 z，然后生成器 G 依据该特征向量 z 生成伪数据 G(z)(fake_data)。这个过程可以表示为 fake_data ← G(z)。

2. 通过判别器 D 对伪数据 fake_data 进行判别，给出一个输出 fake_out，即 fake_out ← D(fake_data)。

3. 准备实际数据样本 real_data，并通过判别器 D 与此前的输出 fake_out 进行比较，以判别数据的真实性，即 real_out ← D(real_data)。

4. 如果 fake_out 的结果为真（1），则进行交叉熵函数的计算，然后进行生成器 G 的参数更新。

5. 如果 real_out 的结果为真，而 fake_out 的结果为假（0），则进行交叉熵函数的计算，然后进行判别器 D 的参数更新。

6. 返回到步骤 1。

假如在步骤 4 中，生成器 G 生成的数据可以巧妙地欺骗判别器 D，则对生成器 G 的参数值进行更新。相反，在步骤 5 中，如果判别器 D 成功地识破了生成器 G 的欺骗，则对判别器 D 的参数值进行更新。像这样，对生成器 G 和判别器 D 交替进行训练，是 GAN 模型的关键。DCGAN 是对 G 和 D 深层使用的 CNN。

4.5.2 数据准备

在通过 PyTorch 进行 DCGAN 的实际实现之前，需要进行必要的数据准备。在此我们将使用一个名为 Oxford 102 的花卉数据集。它是一个大约具有 8000 张图片的数据集，其中包括 102 种花卉。可以通过以下网址中的 Dataset images 进行图像数据的下载。

- 102 Category Flower Dataset
  网址 http://www.robots.ox.ac.uk/~vgg/data/flowers/102/

下载并进行解压缩后，按图 4.7 所示进行文件目录结构的创建，以便通过 ImageFolder 进行读取。

```
oxford-102/
 └── jpg/
       ├── image_00000.jpg
       └── image_00001.jpg
      ...
```

图 4.7 ImageFolder 的文件目录结构

要点提示

在 Colaboratory 环境下进行文件的解压、目录创建和移动

在 Colaboratory 环境下，执行以下命令。

```
!wget http://www.robots.ox.ac.uk/~vgg/data/flowers/102/➡
102flowers.tgz
!tar xf 102flowers.tgz
!mkdir oxford-102
!mkdir oxford-102/jpg
!mv jpg/*.jpg oxford-102/jpg
```

目录和文件准备好后，像往常一样进行 DataLoader 的准备，如 List 4.18 所示。由于我们将在此处进行 64×64 像素图像的生成，所以需要对这个数据集的图像进行如下的变换：首先将图像最短的边调整到 80 像素，然后通过中心裁剪，最终得到 64×64 像素的图像。这样数据的准备就完成了。

List 4.18 DataLoader 的准备

In

```
img_data = ImageFolder("<your_path>/oxford-102/",
    transform=transforms.Compose([
        transforms.Resize(80),
        transforms.CenterCrop(64),
        transforms.ToTensor()
]))
```

任意指定一个目录

```
batch_size = 64
img_loader = DataLoader(img_data, batch_size=batch_size,
                        shuffle=True)
```

4.5.3 基于 PyTorch 的 DCGAN

在此，我们将使用 PyTorch 进行 DCGAN 模型的构建。这里介绍的实现是基于 DCGAN 的原始论文"dcgan-paper"（参见要点提示）和 PyTorch 的 DCGAN 官方示例程序"dcgan-pytorch-example"（参见要点提示）。为了使读者易于理解，作者在此也对其进行了一些必要的修改。

要点提示

DCGAN 的原始论文

- Unsupervised Representation Learning with Deep Convolutional Generative Adversarial Networks
  （通常称其为"dcgan-paper"）
  网址 https://arxiv.org/pdf/1511.06434.pdf

要点提示

dcgan-pytorch-example

- Deep Convolution Generative Adversarial Networks
  （通常称其为"dcgan-pytorch-example"）
  网址 https://github.com/pytorch/examples/tree/master/dcgan

将潜在特征向量 z 的维度设定为 100

首先将潜在特征向量 z 的维度设定为 100，然后构建一个通过该特征向量 z 进行 3 × 64 × 64（这里的 3 代表 3 种颜色）图像生成的生成模型。在此，我们将使用 4.4 节中介绍的转置卷积（Transposed Convolution）ConvTransposed2d，如 List 4.19 所示。

List 4.19 图像生成模型的构建

In

```
nz = 100
```

```
ngf = 32

class GNet(nn.Module):
    def __init__(self):
        super().__init__()
        self.main = nn.Sequential(
            nn.ConvTranspose2d(nz, ngf * 8,
                               4, 1, 0, bias=False),
            nn.BatchNorm2d(ngf * 8),
            nn.ReLU(inplace=True),
            nn.ConvTranspose2d(ngf * 8, ngf * 4,
                               4, 2, 1, bias=False),
            nn.BatchNorm2d(ngf * 4),
            nn.ReLU(inplace=True),
            nn.ConvTranspose2d(ngf * 4, ngf * 2,
                               4, 2, 1, bias=False),
            nn.BatchNorm2d(ngf * 2),
            nn.ReLU(inplace=True),
            nn.ConvTranspose2d(ngf * 2, ngf,
                               4, 2, 1, bias=False),
            nn.BatchNorm2d(ngf),
            nn.ReLU(inplace=True),
            nn.ConvTranspose2d(ngf, 3,
                               4, 2, 1, bias=False),
            nn.Tanh()
        )

    def forward(self, x):
        out = self.main(x)
        return out
```

在此，Transposed Convolution 一共重复进行了 5 次。其结果为，首先将 100×1×1 的特征向量 z 转换成 256×4×4 的向量，最终变成 3×64×64 的图像。这里的关键是，要将特征向量 z 转换为与 CHW 上图像一样的维度，例如 100×1×1，而不是单一的 100。

随着 Transposed Convolution 的进行，图像的尺寸会按照以下公式所示的规则进行改变，因此在自己进行图像生成模型的构建时，需要根据最终要得到的图像尺寸开始进行倒推计算。

```
out_size = (in_size - 1) * stride - 2 * padding \
    + kernel_size + output_padding
```

以第一个 Transposed Convolution 为例，其相应的值如下所示。

```
in_size = 1
stride = 1
padding = 0
kernel_size = 4
output_padding = 0
```

因此，对应的 out_size 为（1-1）× 1-2 × 0+4+0=4。原始论文还对激活函数的选择和 Batch Normalization 的设定进行了介绍。

识别模型的构建

接下来需要进行的是识别模型的构建。在此，我们将建立一个神经网络模型，将 3 × 64 × 64 的图像最终转换为一个 1 维的向量。虽然有多种不同的方法来实现这种转换，但是因为在原始论文中建议不要使用任何线性层，因此我们在此给出了如 List 4.20 所示的实现。

List 4.20 图像识别模型的构建

In

```
ndf = 32

class DNet(nn.Module):
    def __init__(self):
        super().__init__()
        self.main = nn.Sequential(
            nn.Conv2d(3, ndf, 4, 2, 1, bias=False),
            nn.LeakyReLU(0.2, inplace=True),
            nn.Conv2d(ndf, ndf * 2, 4, 2, 1, bias=False),
            nn.BatchNorm2d(ndf * 2),
            nn.LeakyReLU(0.2, inplace=True),
            nn.Conv2d(ndf * 2, ndf * 4, 4, 2, 1, bias=False),
            nn.BatchNorm2d(ndf * 4),
            nn.LeakyReLU(0.2, inplace=True),
            nn.Conv2d(ndf * 4, ndf * 8, 4, 2, 1, bias=False),
            nn.BatchNorm2d(ndf * 8),
            nn.LeakyReLU(0.2, inplace=True),
            nn.Conv2d(ndf * 8, 1, 4, 1, 0, bias=False),
        )

    def forward(self, x):
        out = self.main(x)
        return out.squeeze()
```

经过 5 次卷积运算后，所输入的 3×64×64 的图像最终变成了一个 1×1×1 的向量。然后 forward 函数中，通过最后的 squeeze 方法，将诸如 A×1×B×1 形状中的多余信息进行剔除，转换为 A×B 的形状。

Conv2d 也具有自己的输入和输出，例如（batch_size, channeel, height, width）。在此，其最终是（batch_size，1，1，1）的形式，因此需要通过整形除去其中多余的信息。

训练函数的构建

接下来，我们将进行训练函数的构建，如 List 4.21 所示。首先需要进行神经网络的构建和优化器的选择等。由于 DCGAN 的计算需要花费很长的时间，所以需要在 GPU 中进行，这里也没有另行给出使用 CPU 的情况。

List 4.21 训练函数的构建

In

```
d = DNet().to("cuda:0")
g = GNet().to("cuda:0")

# Adam 的参数是原始论文的建议值
opt_d = optim.Adam(d.parameters(),
    lr=0.0002, betas=(0.5, 0.999))
opt_g = optim.Adam(g.parameters(),
    lr=0.0002, betas=(0.5, 0.999))

# 用于交叉熵计算的辅助变量等
ones = torch.ones(batch_size).to("cuda:0")
zeros = torch.zeros(batch_size).to("cuda:0")
loss_f = nn.BCEWithLogitsLoss()

# 监控用的 z
fixed_z = torch.randn(batch_size, nz, 1, 1).to("cuda:0")
```

在此，fixed_z 用于训练过程的监视。随着训练的进行，我们会看到这是一幅什么样的图像。实际的训练函数如 List 4.22 所示。

List 4.22 训练函数

In

```
from statistics import mean

def train_dcgan(g, d, opt_g, opt_d, loader):
    # 用于生成模型、识别模型目标函数跟踪的数组
    log_loss_g = []
```

```
    log_loss_d = []
    for real_img, _ in tqdm.tqdm(loader):
        batch_len = len(real_img)

        # 将实际图像传递到 GPU
        real_img = real_img.to("cuda:0")

        # 通过随机数生成 z，并由生成模型建立对应的虚拟图像
        z = torch.randn(batch_len, nz, 1, 1).to("cuda:0")
        fake_img = g(z)

        # 仅取出虚拟图像的值，供稍后使用
        fake_img_tensor = fake_img.detach()

        # 通过虚拟图像计算生成模型的评价函数
        out = d(fake_img)
        loss_g = loss_f(out, ones[: batch_len])
        log_loss_g.append(loss_g.item())

        # 由于网络的需要依据生成模型和识别模型进行
        # 并且两者之间相互依存，所以要先进行梯度的清除
        # 然后进行微分的计算和参数更新
        d.zero_grad(), g.zero_grad()
        loss_g.backward()
        opt_g.step()

        # 通过实际图像计算识别模型的评价函数
        real_out = d(real_img)
        loss_d_real = loss_f(real_out, ones[: batch_len])

        # 在 PyTorch 中，对于包含有同一 Tensor 的两个神经网络
        # 无法同时执行两个 backward 操作
        # 因此需要通过 Tensor 的保存来消除不必要的计算
        fake_img = fake_img_tensor

        # 通过虚拟图像计算识别模型的评价函数
        fake_out = d(fake_img_tensor)
        loss_d_fake = loss_f(fake_out, zeros[: batch_➡
len])

        # 真伪评价函数值的合计
        loss_d = loss_d_real + loss_d_fake
        log_loss_d.append(loss_d.item())
```

```
        # 识别模型的微分计算和参数更新
        d.zero_grad(), g.zero_grad()
        loss_d.backward()
        opt_d.step()

    return mean(log_loss_g), mean(log_loss_d)
```

开始进行 DCGAN 模型的训练

至此，一切准备就绪，让我们开始 DCGAN 模型的训练，如 List 4.23 所示。在本书的学习训练过程中，我进行了 300 次循环迭代。但是即使是在只进行了大约 100 次循环迭代时，模型已经生成了高质量的图像，因此，如果那时停止进行训练也是没有问题的。

List 4.23 DCGAN 模型的训练

In

```
for epoch in range(300):
    train_dcgan(g, d, opt_g, opt_d, img_loader)
    # 每进行 10 次循环迭代保存 1 次学习结果
    if epoch % 10 == 0:
        # 参数的保存
        torch.save(
            g.state_dict(),
            "<out_path>/g_{:03d}.prm".format(epoch),
            pickle_protocol=4)          任意指定一个目录
        torch.save(
            d.state_dict(),
            "<out_path>/d_{:03d}.prm".format(epoch),
            pickle_protocol=4)          任意指定一个目录
        # 对通过 z 生成的图像进行保存，以利于查看
        generated_img = g(fixed_z)
        save_image(generated_img,
                   "<out_path>/{:03d}.jpg".format(epoch))
                                        任意指定一个目录
```

Out（需要时间才能输出）

```
# 参见图 4.8
```

torch.save 用于将网络参数保存到磁盘上，有关详细情况的介绍我们将在第 7 章中进行。

在本书的环境中，300 次循环迭代训练大约需要 40 ~ 50 分钟的时间。最终，模型根据 fixed_z 生成了如图 4.8 所示的图像。

要点提示

Colaboratory 中的图像显示

在 Colaboratory 的环境下，执行以下命令。

```
from IPython.display import Image,display_jpeg
display_jpeg(Image('oxford-102/000.jpg'))
```

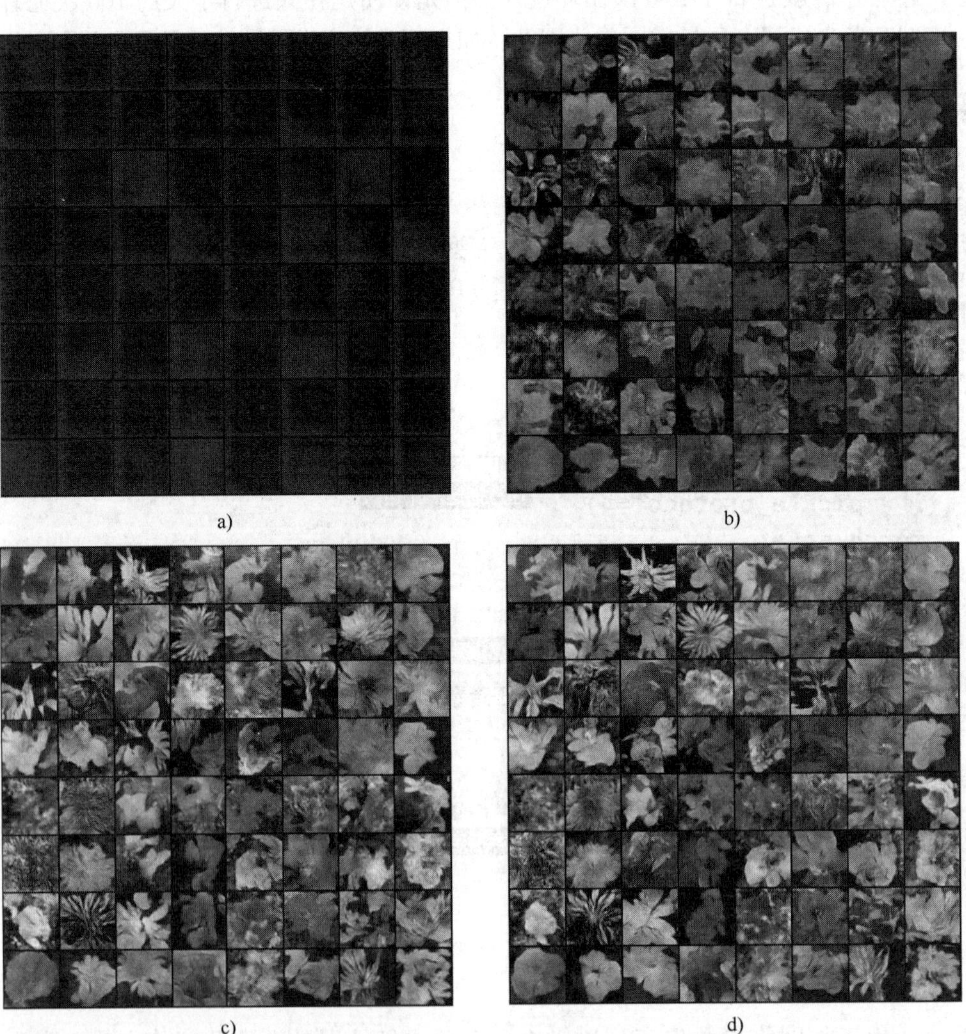

a)　b)　c)　d)

图 4.8　a）epoch = 1，b）epoch= 50，c）epoch= 150，d）epoch= 300。由此可以观察到生成的图像是如何从完全像噪声的图像逐渐变成花朵形状的

GAN 在图像生成中的应用已经得到广泛研究，并且已经提出了诸如 BEGAN、WGAN、CycleGAN、DiscoGAN 和 StarGAN 等的各种模型。值得注意的是，这些模型都是通过 PyTorch 来实现的，并在 GitHub 上进行公开发表。与其他框架相比，PyTorch 的优势之一在于其能够在广大研究人员的支持下，最新的研究实施能够得到迅速的推出。因此，有兴趣的读者应该进行相关源代码的获取并进行阅读。

4.6 本章小结

在此，对本章介绍的内容做一个总结。

本章我们介绍了通过 PyTorch 进行的 CNN 模型的构建和学习训练。PyTorch 包含有各种各样已经经过学习的 CNN 模型，因此可以利用这些模型进行迁移学习，即使在没有大量图像数据的情况下，也可以通过本章介绍的方法进行迁移学习的实现，从而为自己的数据构建良好的 CNN 模型。除此之外，通过 CNN 模型还可以进行图像分辨率的提高和图像的生成（如 DCGAN 等）。

第5章

5 自然语言处理与循环神经网络

在本章中，我们将介绍在处理时间序列数据时经常使用的循环神经网络（Recurrent Neural Network，RNN），这种结构的神经网络通常应用于文本数据和自然语言处理。

与 CNN 不同，RNN 可以对当前时刻输入的信息进行记忆，并将其反映在下一时刻的网络输出中，因此对上下文这样具有历史背景以及流数据等时间序列的分析非常有效。由于时间序列数据不仅出现在文本数据中，还出现在语音数据和经济指标数据等各个领域中，因此 RNN 是可以应用于这些领域的重要模型。

RNN 可以解决各种不同类型的问题，在此，我们将介绍如何通过 RNN 解决以下三种类型的问题。

1. 文本的分类
2. 文本的生成
3. 机器翻译

5.1 RNN

本节中介绍诸如循环等 RNN 的基本结构。

和一般的神经网络不同，RNN 具有其内部状态的记忆功能。假如在某个时间点 t，神经网络的输入为 $x(t)$，并且将与前一个时间点输入对应的内部状态记忆为 $h(t\text{-}1)$，则可以基于这些当前信息以及前一个时间点的记忆状态得到一个新的内部状态 $h(t)$，然后再将 $h(t)$ 通过线性层等进一步转换为目标输出 $o(t)$。

通过 $x(1)$ 到 $x(t)$ 的不断输入和神经网络内部进行的反复操作，其内部状态也会从 $h(0)$ 依次更新到新的状态 $h(1)$、$h(2)$、$h(3)$ 等，输出 $o(t)$ 也会随着当前状态的变化而发生改变。图 5.1 所示就是 RNN 这种工作流程的一个可视化展示。

在最简单的 RNN 模型 Elman Network 中，将 $x(t)$ 和 $h(t\text{-}1)$ 转换为 $h(t)$ 的部分是通过线性层和激活函数来进行的。

如果将图 5.1 所示的 RNN 在时间方向上进行展开，RNN 实际上是在一条直线上进行堆叠的，我们也许已经注意到其构造和 Feedforward 型神经网络具有相同的结构。

但是，RNN 通常比常规的神经网络更加难以训练。如果需要尝试进行长时期历史记忆的捕获，则 RNN 将与深度神经网络相同，并且会出现诸如梯度消失和梯度发散之类的问题。

为了解决这个问题，目前已经设计出了诸如长短时记忆（Long Short Term Memory，LSTM）和具有门控循环单元（Gated Recurrent Unit，GRU）之类的 RNN。在这些 RNN 模型中，通过诸如此类的更为复杂的处理模块的组合来取代原有的简单线性层。

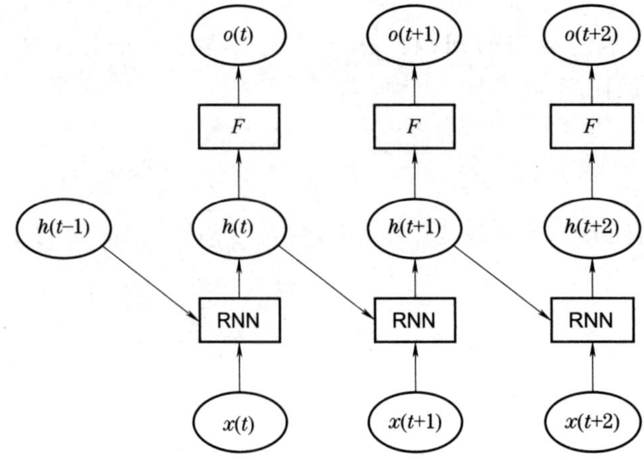

图 5.1 RNN 神经网络的表现形式。新的内部状态 $h(t)$ 由先前的内部状态 $h(t-1)$ 和输入 $x(t)$ 生成，$h(t)$ 还通过某个函数 F 转换为最终的输出 $o(t)$。这一流程依照时间顺序不断重复进行

5.2 文本数据的数值化

本节中介绍处理文本数据时常用的预处理和数值化方法，特别是在数值化方法中具有代表性的 BoW 和 Embedding 处理方法。

在实际接触 RNN 之前，先让我们来看一看将文本数据转换为数值的方法。文本数据到数值的转换大致可以分为以下 3 个步骤。

1. 规范化和标签化
2. 词典的构建
3. 文本到数值的转换

规范化和标签化

在文本数据到数值转换的第 1 个步骤中，通过规范化和标签化方法，将文本拆分为几个或多个单元构成的列表。例如，可以将单词和字母等作为分割单元来考虑。在以单词为单元来进行分割时，英语等欧洲国家的语言只需要简单地使用空格来进行分割即可，但是在日语和汉语等情况下，可能需要进行诸如词法分析（参见要点提示）等方法来对文本进行分析和处理。

与标签化同时进行的是书写与符号的规范化。例如，需要将大写字母统一转换为小写字母，将半角字符统一转换为全角字符，将 isn't 转换为 is not 等。

要点提示

词法分析

从自然语言的文本入手，通过特定的词典和语法，将文本分割为读词类等要素的处理过程。

词典的构建

文本数据到数值转换的第 2 个步骤即为词典的构建。进行词典构建时，需要对文本中出现的所有字母、单词或句子进行收集，并形成一个语料库（Corpus）（参见要点提示），然后为语料库中的各个元素进行标记并分配数字 ID。数字 ID 可以简单地按照其在文本中出现的先后顺序或频率进行编排。

要点提示

语料库

将自然语言的文本进行结构化处理，并汇总而成的产物。

● 文本到数值的转换

文本数据到数值转换的最后 1 个步骤即为文本到数值的转换。在该步骤中，使用步骤 2 所构建的词典，将按照文本分割得到的标记列表转换为数字 ID 列表。

通过这一系列的工作，一个只是由字符串构成的文本最终被转换为一个数字列表。对这一数字列表进行进一步统计，并以各 ID 出现次数所构成的向量来对文本进行表示。以这种形式表示的文本被称为词袋（Bag of Words，BoW），其具体示例如下所示。

```
(I, you, am, of, …) = (1, 0, 1, 3, …)
```

BoW 的计算十分简单，对多个文本进行整理后可将其表现为稀疏矩阵的形式，因此具有十分高效的优点。但是也存在着顺序特征这一重要信息丢失的问题。因此，在神经网络中，通过一种被称为词嵌入（Embedding）的方法将标记转换为向量，再将文本视为向量数据的时间序列，这是当前的主流处理方式。

在 PyTorch 中，可以使用 nn.Embedding 来创建一个 Embedding 层。例如，在假定总的标记种类为 10000 的情况下，若要通过 20 元向量来进行文本的表示，则可以如 List 5.1 所示的形式进行。

List 5.1 10000 种标记均通过 20 元向量表示的情况

In

```
emb = nn.Embedding(10000, 20, padding_idx=0)
# Embedding 层的输入为 int64 的 Tensor
inp = torch.tensor([1, 2, 5, 2, 10], dtype=torch.int64)
# 输出为 float32 的 Tensor
out = emb(inp)
```

在此，通过 padding_idx 的指定，nn.Embedding 将其所有的 ID 转换为向量 0。在具体的操作过程中可以按照如下的方法进行：对于词典中没有的标记，将其 ID 设为 0，从而使得实际的 ID 从 1 开始进行编码。在这种情况下，需要将 ID 为 0 的标记种类预置到 nn.Embedding 中，作为其第一个参数，以完成 nn.Embedding 的初始化。

需要注意的是，nn.Embedding 也是可以进行微分的，并且可以在整个网络的学习训练期间对其权重参数进行优化，还可以将预学习的 nn.Embedding 用于其他的问题模型（参见要点提示）。

要点提示

预学习嵌入（Pretrained Embedding）

尽管在本书中没有介绍，但我们经常使用简单的模型（例如，Continuous-BOW 和 Skip-Gram）进行预学习，这些模型在 Word2Vec 中很著名。

5.3 RNN 与文本的分类

本节主要介绍文本的分类问题。例如，通过文本分类的应用，可以对新闻的体裁进行分类，还可以对评论文本的情感进行积极和消极的分类等。此外，时间序列的分类问题一般被称为序列分类。

5.3.1 IMDb 评论数据集

在本书撰写时，也就是 2018 年 8 月，IMDb（Internet Movie Database，互联网电影资料库）是亚马逊运营的大型电影和电视剧的评论网站，参与评论的人在给出自己对电影和电视剧评论的同时，还给出了 0 ~ 10 不等的相应评分。斯坦福大学的研究人员从该网站提取了 50000 条评论，并将其作为基准数据集发布，用于对文本进行正面和负面的情感分析。该数据集可以通过以下网址进行下载。

- Large Movie Review Dataset
  网址 http://ai.stanford.edu/~amaas/data/sentiment/aclImdb_v1.tar.gz

下载数据并解压后，得到的目录结构如图 5.2 所示。

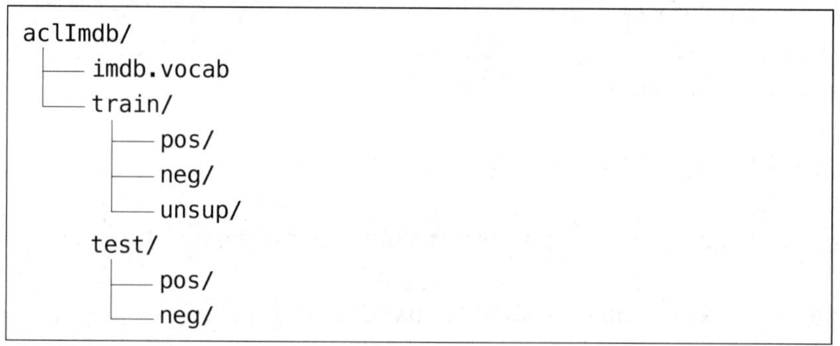

```
aclImdb/
 ├── imdb.vocab
 └── train/
      ├── pos/
      ├── neg/
      └── unsup/
     test/
      ├── pos/
      └── neg/
```

图 5.2 IMDb 评论数据集的目录结构（省略扩展名为 .feat 和 .txt 的文件）

imdb.vocab 是一个预先提取了数据集全部评论中出现的所有单词的汇总文件。train/pos 则包含了大量的用于正面评论训练的文本文件，其他几个文件夹的文件存储也是依此进行分类的。

接下来，让我们来创建一个读入这一数据集的 Dataset。

要点提示

Colaboratory 环境下的文件解压

在 Colaboratory 的环境下，执行以下命令。

```
!wget http://ai.stanford.edu/~amaas/data/sentiment/➡
aclImdb_v1.tar.gz
!tar xf aclImdb_v1.tar.gz
```

0 1 2 3 4 5 6 7 A B 自然语言处理与循环神经网络

○ 准备两个函数

首先，如 List 5.2 所示，进行两个函数的准备。

List 5.2 函数的创建

In

```
import glob
import pathlib
import re

remove_marks_regex = re.compile("[,\.\(\)\[\]\*:;]|<.*?>")
shift_marks_regex = re.compile("([?!])")

def text2ids(text, vocab_dict):
    # 删除！？以外的符号
    text = remove_marks_regex.sub("", text)
    # 在单词与！？之间插入一个空格
    text = shift_marks_regex.sub(r" \1 ", text)
    tokens = text.split()
    return [vocab_dict.get(token, 0) for token in tokens]

def list2tensor(token_idxes, max_len=100, padding=True):
    if len(token_idxes) > max_len:
        token_idxes = token_idxes[:max_len]
    n_tokens = len(token_idxes)
    if padding:
        token_idxes = token_idxes \
            + [0] * (max_len - len(token_idxes))
    return torch.tensor(token_idxes, dtype=➡
torch.int64), n_tokens
```

text2ids 是一个将长字符串转换为标记 ID 列表的函数。在规范化操作去除标点符号和括号的同时，还可以在单词与！？之间进行空格的插入，以便将它们和单词分别进行标记。之所以如此操作，是因为 imdb.vocab 中也包含了这两个符号。对于未包含在 imdb.

vocab 中的标记，将为其分配一个为 0 的 ID，即 ID=0。

list2tensor 是将 ID 列表转换为 int64 的 Tensor 的函数。在进行转换的过程中，该函数对每个文本所拆分的标记数量进行限定，丢弃超过限定数量的标记。反之，如果标记数量小于限定数量，则在后面用 0 进行填充。

○ Dataset 类的创建

通过这两个函数的使用，可以像下面所示的那样进行 Dataset 类的创建（List 5.3）。其要点是在构造函数中创建一个汇总了文本文件路径和标签的元组列表，并实际读取 _ _getitem_ _ 中的文件，将其转换为 Tensor。

因为 Tensor 是按照指定的标记数量的最大值 max_len 进行限定或填充的，因此它们的长度都是统一的，从而使得之后的操作会变得容易。另外，由于稍后也需要以同样的长度最大值对 n_tokens 做同样的长度限定和 0 的填充，因此我们在此将它们一起进行了返回。

List 5.3 Dataset 类的创建

In

```
import torch
from torch import nn, optim
from torch.utils.data import (Dataset,
                              DataLoader,
                              TensorDataset)
import tqdm
```

In

```
class IMDBDataset(Dataset):
    def __init__(self, dir_path, train=True,
                 max_len=100, padding=True):
        self.max_len = max_len
        self.padding = padding

        path = pathlib.Path(dir_path)
        vocab_path = path.joinpath("imdb.vocab")

        # 逐行对文本文件进行读取，并进行分割
        self.vocab_array = vocab_path.open() \
                           .read().strip().splitlines()
        # 建立以单词为索引，ID 为值的词典 dict
        self.vocab_dict = dict((w, i+1) \
            for (i, w) in enumerate(self.vocab_array))
```

```
        if train:
            target_path = path.joinpath("train")
        else:
            target_path = path.joinpath("test")
        pos_files = sorted(glob.glob(
            str(target_path.joinpath("pos/*.txt"))))
        neg_files = sorted(glob.glob(
            str(target_path.joinpath("neg/*.txt"))))
        # 以pos为1、neg为0的label
        # 建立(file_path, label)的元组列表
        self.labeled_files = \
            list(zip([0]*len(neg_files), neg_files )) + \
            list(zip([1]*len(pos_files), pos_files))

    @property
    def vocab_size(self):
        return len(self.vocab_array)

    def __len__(self):
        return len(self.labeled_files)

    def __getitem__(self, idx):
        label, f = self.labeled_files[idx]
        # 读取文本文件的数据并将其转换为小写
        data = open(f).read().lower()
        # 将文本数据转换为 ID 列表
        data = text2ids(data, self.vocab_dict)
        # 将ID列表转换为Tensor
        data, n_tokens = list2tensor(data, ➡
self.max_len, self.padding)
        return data, label, n_tokens
```

○ 用于训练和验证的 DataLoader 的创建

在此，与前一章的操作一样，如 List 5.4 所示的那样，创建训练用和验证用的 DataLoader。

List 5.4 用于训练和验证的 DataLoader 的创建

In

```
train_data = IMDBDataset("<your_path>/aclImdb/")        任意指定一个目录
test_data = IMDBDataset("<your_path>/aclImdb/", ➡       任意指定一个目录
```

自然语言处理与循环神经网络

```
train=False)
train_loader = DataLoader(train_data, batch_size=32,
                          shuffle=True, num_workers=4)
test_loader = DataLoader(test_data, batch_size=32,
                         shuffle=False, num_workers=4)
```

5.3.2 网络的定义和训练

这里需要解决的问题是“输入某个整数的时间序列 X 时，输出 0 或 1 的二元分类问题”。综合一下到目前为止我们已经介绍的内容，你将看到如何将输入 X 通过 Embedding 变换为向量的时间序列，再将其放入 RNN 中，最后将输出连接到一维的线性层。List 5.5 所示是一个神经网络的定义。

List 5.5 神经网络的定义

In

```
class SequenceTaggingNet(nn.Module):
    def __init__(self, num_embeddings,
                 embedding_dim=50,
                 hidden_size=50,
                 num_layers=1,
                 dropout=0.2):
        super().__init__()
        self.emb = nn.Embedding(num_embeddings, ➡
embedding_dim,
                                padding_idx=0)
        self.lstm = nn.LSTM(embedding_dim,
                            hidden_size, num_layers,
                            batch_first=True, ➡
dropout=dropout)
        self.linear = nn.Linear(hidden_size, 1)

    def forward(self, x, h0=None, l=None):
        # 通过 Embedding 将 ID 转换为多维的向量
        # x 由 (batch_size, step_size)
        # -> (batch_size, step_size, embedding_dim)
        x = self.emb(x)
        # 将 x 传递给初始状态为 h0 的 RNN
        # x 由 (batch_size, step_size, embedding_dim)
        # -> (batch_size, step_size, hidden_dim)
        x, h = self.lstm(x, h0)
```

```
        # 只提取出最后一步的x
        # x由(batch_size, step_size, hidden_dim)
        # -> (batch_size, 1)
        if l is not None:
            # 存在原始长度输入的情况下，要直接使用
            x = x[list(range(len(x))), l-1, :]
        else:
            # 若不存在，可仅使用最后一步
            x = x[:, -1, :]
        # 将提取出的最后一步输入至线性层
        x = self.linear(x)
        # 删除其余的维度
        # (batch_size, 1) -> (batch_size, )
        x = x.squeeze()
        return x
```

在 PyTorch 中，Elman 型的 RNN 可以与 nn.RNN 一起使用，LSTM 可以与 nn.LSTM 一起使用，GRU 可以与 nn.GRU 一起使用。在此，我们使用的是 nn.LSTM。以下，我们将上述这三种类型的层统称为 PyTorch 的 RNN 模型。PyTorch 的所有 RNN 模型均被设计为接收多步输入，并返回多步输出以及最终内部状态。

如 5.1 节中所述的那样，无需将输入一步一步地输入到 RNN 函数中。另外，PyTorch 的 RNN 模型除了输入维度和隐藏层（内部状态）的维度之外，还可以进行参数的指定，例如层数（num_layers）、batch_first 和 dropout 等。输入维度与前一个 Embedding 层的输出维度相同。

PyTorch 的 RNN 模块还可以进行多层 RNN 的连接，其数量可以由 num_layers 指定。此时，作为正则化，可以将 Dropout 应用于除最后一个 RNN 层以外的输出，并且可以将 dropout 指定为一个随机的参数。batch_first 是用于指定输入格式的选项。

在 PyTorch 的 RNN 模块中，默认输入输出参数的维度顺序为（步数、批数、特征数），但是通过指定 batch_first=True，则可以将输入输出参数的维度顺序改变为（批数、步数、特征数）。在其他的网络层中，第一个维度一定是批数，所以本书认为后者更直观、更容易处理。

在 forward 函数中，除了输入 x 以外还需要指定内部状态的初始值，但如果指定 None，则与全部输入为 0 的向量相同。

在 RNN 的输出中，只有在最后一步才传递给线性层，最终给出维度为（批数，1）的输出，并通过 squeeze 方法转换为维度为（批数，）的形式，即变换为在二元分类问题中使用的形式。

提取最后一步的部分使用 IMDBDataset 数据集返回的 n_tokens 信息，并使用 Advanced-Indexing（参见要点提示）。

要点提示

Advanced-Indexing

关于 Advanced-Indexing 请在以下网址上进行确认。

- PyTorch：Select tensor in a batch of sequences
  网址 https://discuss.pytorch.org/t/select-tensor-in-a-batch-of-sequences/8613/2

训练 / 评价的构建

余下的步骤与之前章节所介绍的一样，进行学习训练 / 验证代码的编写，如 List 5.6、List 5.7 所示。在此，由于进行的分类为二元分类，因此损失函数与 List 2.9 那样，同样使用 nn.BCEWithLogitsLoss。

List 5.6 学习训练的构建

In

```
def eval_net(net, data_loader, device="cpu"):
    net.eval()
    ys = []
    ypreds = []
    for x, y, l in data_loader:
        x = x.to(device)
        y = y.to(device)
        l = l.to(device)
        with torch.no_grad():
            y_pred = net(x, l=l)
            y_pred = (y_pred > 0).long()
            ys.append(y)
            ypreds.append(y_pred)
    ys = torch.cat(ys)
    ypreds = torch.cat(ypreds)
    acc = (ys == ypreds).float().sum() / len(ys)
    return acc.item()
```

List 5.7 评价的构建

In

```
from statistics import mean
```

```
# 输入 train_data.vocab_size+1，使 num_embeddings 之中含有数据 0
net = SequenceTaggingNet(train_data.vocab_size+1, ➡
num_layers=2)
net.to("cuda:0")
opt = optim.Adam(net.parameters())
loss_f = nn.BCEWithLogitsLoss()

for epoch in range(10):
    losses = []
    net.train()
    for x, y, l in tqdm.tqdm(train_loader):
        x = x.to("cuda:0")
        y = y.to("cuda:0")
        l = l.to("cuda:0")
        y_pred = net(x, l=l)
        loss = loss_f(y_pred, y.float())
        net.zero_grad()
        loss.backward()
        opt.step()
        losses.append(loss.item())
    train_acc = eval_net(net, train_loader, "cuda:0")
    val_acc = eval_net(net, test_loader, "cuda:0")
    print(epoch, mean(losses), train_acc, val_acc)
```

Out

```
100%|**|  782/782 [00:35<00:00, 22.07it/s]
  0%|          | 0/782 [00:00<?, ?it/s]0 0.680973151074➡
651 0.5747199654579163 0.5752800107002258
100%|**|  782/782 [00:36<00:00, 21.31it/s]
  0%|          | 0/782 [00:00<?, ?it/s]1 0.680632000384➡
1234 0.5991599559783936 0.5899199843406677
100%|**|  782/782 [00:36<00:00, 21.31it/s]
  0%|          | 0/782 [00:00<?, ?it/s]2 0.677023857412➡
7407 0.6734799742698669 0.6436399817466736
100%|**|  782/782 [00:36<00:00, 21.17it/s]
  0%|          | 0/782 [00:00<?, ?it/s]3 0.552247853821➡
0435 0.8149200081825256 0.7490800023078918
100%|**|  782/782 [00:36<00:00, 21.47it/s]
  0%|          | 0/782 [00:00<?, ?it/s]4 0.389272873530➡
455 0.8837199807167053 0.7885199785232544
100%|**|  782/782 [00:36<00:00, 21.47it/s]
  0%|          | 0/782 [00:00<?, ?it/s]5 0.297367349838➡
6617 0.9179999828338623 0.7927599549293518
```

```
100%|**|  782/782 [00:36<00:00, 21.41it/s]
  0%|           | 0/782 [00:00<?, ?it/s]6 0.232760780293➡
2372 0.9450799822807312 0.794439971446991
100%|**|  782/782 [00:36<00:00, 21.33it/s]
  0%|           | 0/782 [00:00<?, ?it/s]7 0.185168448585➡
51193 0.9618799686431885 0.7880399823188782
100%|**|  782/782 [00:36<00:00, 21.30it/s]
  0%|           | 0/782 [00:00<?, ?it/s]8 0.138039115972➡
36915 0.9772799611091614 0.7853599786758423
100%|**|  782/782 [00:36<00:00, 21.32it/s]
9 0.09878007613022423 0.9833599925041199 0.775279998779➡
2969
```

如果采用包含 2 个 LSTM 层的模型进行 10 次左右的学习训练，则对测试数据的验证精度会达到 80% 左右。在本书的环境中，如果使用 GPU 进行学习训练，计算速度会提高到 CPU 的 6 倍左右，所以在此还是推荐使用 GPU 来进行。

○ 不使用 RNN 模型的构建

为了进行比较，让我们尝试一个不使用 RNN 的模型。在该数据集中，以 SVMlite 形式的“稀疏矩阵 + 标签”格式中，包含有 BoW 和标签的数据，所以在此读入该数据，并以逻辑回归模型进行学习。通过使用 scikit-learn，就可以如 List 5.8 所示的那样简单地加以实现。

List 5.8 不使用 RNN 模型的构建

In

```
from sklearn.datasets import load_svmlight_file
from sklearn.linear_model import LogisticRegression

train_X, train_y = load_svmlight_file(
    "<your_path>/aclImdb/train/labeledBow.feat")   任意指定一个目录
test_X, test_y = load_svmlight_file(
    "<your_path>/aclImdb/test/labeledBow.feat",   任意指定一个目录
    n_features=train_X.shape[1])

model = LogisticRegression(C=0.1, max_iter=1000)
model.fit(train_X, train_y)
model.score(train_X, train_y), model.score(test_X, test_y)
```

Out（需要很长的时间才能得到输出）

```
(0.8989200000000005, 0.39604)
```

从模型学习训练以及测试的结果来看，尽管对训练数据在某种程度上是准确的，但测试数据的验证结果却存在许多问题。

在此，因为评论中出现了大致相同的单词，所以单词出现的顺序十分重要。因此利用 RNN 来构建一个需要联系上下文的模型还是很有必要的。

5.3.3 可变长度序列的处理

到目前为止，我们对于不同长度序列的处理均是通过长度的限定和填充，将具有不同长度的序列按统一的长度进行排列，并只从最后的输出中提取出原始长度的一部分。但是在 PyTorch 中，为这种可变长度序列的处理准备了 PackedSequence 的构造。

PyTorch 的 RNN 模块既可以接收 PackedSequence 的输出作为输入，也可以将其输出作为 PackedSequence 的输入。可以通过将填充序列张量的列表以及每个序列的长度提供给 nn.utils.rnn.pack_padded_sequence 函数，来创建一个可变长度的 PackedSequence。同样地，此时的张量和长度列表也必须按时间顺序进行排列。

通过 PackedSequence 模型的使用，将自动根据各个序列的长度来进行 RNN 的计算，然后与输出的 PackedSequence 一起返回各个固定位置的内部状态。利用 PackedSequence 的这一性质，可以如 List 5.9 所示的那样，进行模型的描述。

List 5.9 利用 PackedSequence 的性质进行模型的创建

In

```
class SequenceTaggingNet2(SequenceTaggingNet):

    def forward(self, x, h0=None, l=None):
        # 通过 Embedding 将 ID 转换为多维向量
        x = self.emb(x)

        # 通过长度信息的给定进行 PackedSequence 的创建
        if l is not None:
            x = nn.utils.rnn.pack_padded_sequence(
                x, l, batch_first=True)

        # 通过 RNN
        x, h = self.lstm(x, h0)

        # 在最后一步，将其放入线性层中
        if l is not None:
            # 在含有长度信息的情况下
            # 则可以直接使用最后一层的内部状态向量
            # LSTM 可以仅使用内部状态
            # 因为除了正常内部状态之外，还有单元的状态
```

```
            hidden_state, cell_state = h
            x = hidden_state[-1]
        else:
            x = x[:, -1, :]

        # 输入线性层
        x = self.linear(x).squeeze()
        return x
```

对于学习训练的构建，可以按照 List 5.10 所示的那样进行排序处理，但其他方面不会有太大的变化。相应地，对评价函数 eval_net 也将进行同样的排序处理。

List 5.10 学习训练的构建

In

```
for epoch in range(10):
    losses = []
    net.train()
    for x, y, l in tqdm.tqdm(train_loader):
        # 依长度从大到小的顺序排序
        l, sort_idx = torch.sort(l, descending=True)
        # 对x、y按索引进行排序
        x = x[sort_idx]
        y = y[sort_idx]

        x = x.to("cuda:0")
        y = y.to("cuda:0")

        y_pred = net(x, l=l)
        loss = loss_f(y_pred, y.float())
        net.zero_grad()
        loss.backward()
        opt.step()
        losses.append(loss.item())
    train_acc = eval_net(net, train_loader, "cuda:0")
    val_acc = eval_net(net, test_loader, "cuda:0")
    print(epoch, mean(losses), train_acc, val_acc)
```

Out

```
100%|**|  782/782 [00:36<00:00, 21.65it/s]
  0%|           | 0/782 [00:00<?, ?it/s]0 0.075158745578➡
02096 0.9892799854278564 0.7767199873924255
100%|**|  782/782 [00:37<00:00, 20.94it/s]
```

```
  0%|          | 0/782 [00:00<?, ?it/s]1 0.060927915427➡
347885 0.991159975528717 0.7741599678993225
100%|**| 782/782 [00:37<00:00, 21.03it/s]
  0%|          | 0/782 [00:00<?, ?it/s]2 0.052834352252➡
70003 0.9917999505996704 0.7780799865722656
100%|**| 782/782 [00:36<00:00, 21.39it/s]
  0%|          | 0/782 [00:00<?, ?it/s]3 0.042343850740➡
9128 0.9941999912261963 0.7736799716949463
100%|**| 782/782 [00:37<00:00, 21.03it/s]
  0%|          | 0/782 [00:00<?, ?it/s]4 0.035124090445➡
094534 0.994879961013794 0.7717199921607971
100%|**| 782/782 [00:37<00:00, 21.04it/s]
  0%|          | 0/782 [00:00<?, ?it/s]5 0.031841975848➡
91816 0.9949599504470825 0.7683199644088745
100%|**| 782/782 [00:37<00:00, 21.01it/s]
  0%|          | 0/782 [00:00<?, ?it/s]6 0.030963344712➡
351043 0.9894399642944336 0.7593599557876587
100%|**| 782/782 [00:37<00:00, 21.07it/s]
  0%|          | 0/782 [00:00<?, ?it/s]7 0.026518886595➡
22247 0.9898799657821655 0.7690799832344055
100%|**| 782/782 [00:37<00:00, 20.93it/s]
  0%|          | 0/782 [00:00<?, ?it/s]8 0.023573906620➡
00212 0.9969199895858765 0.7667199969291687
100%|**| 782/782 [00:37<00:00, 20.88it/s]
9 0.02062533009702654 0.9973199963569641 0.769639968872➡
0703
```

5.4 RNN 的文本生成

本节将介绍的是 RNN 的有趣应用例子，不是简单的回归和分类，而是以经过学习的模型为基础进行新文本的生成。

RNN 也可以用于文本的生成。在 5.3 节中，我们以单词为单位的模型对文本进行了分类。本书将以字符为单位的模型来学习莎士比亚文章中的句子，并生成写作风格相似的新的文本。这里所介绍的内容是以 Practical PyTorch（参见要点提示）教程的内容为基础的，并对相关的代码做了更加简洁的概括和简化，有兴趣的读者可以参考一下教程的内容。

本节所介绍的内容是机器翻译中 RNN 的基本使用情况之一，也是 5.5 节中使用编码器 - 解码器模型进行机器翻译的基础。

要点提示

Practical PyTorch

该教程介绍了一种基于字符来进行句子学习的模型。

- spro/practical-pytorch
  网址 https://github.com/spro/practical-pytorch

5.4.1 数据准备

由于本节将创建一个以字符为单位的模型，因此需要像 List 5.11 所示的那样进行字典的创建和两个转换函数的创建。

List 5.11 字典和两个转换函数的创建

In

```
# 创建包含所有 ascii 字符的字典
import string
all_chars = string.printable
vocab_size = len(all_chars)
vocab_dict = dict((c, i) for (i, c) in enumerate(all_chars))

# 创建一个将字符串转换为数值列表的函数
def str2ints(s, vocab_dict):
```

```
    return [vocab_dict[c] for c in s]

# 创建一个将数值列表转换为字符串的函数
def ints2str(x, vocab_array):
    return "".join([vocab_array[i] for i in x])
```

○ 文本文件的下载

接下来，将从下面的网址中找到莎士比亚各种戏剧的脚本汇总，并选择已经编译好的输入文件“input.txt”（参见要点提示）进行下载，将内容保存在以“tinyshakespeare.txt”命名的文件中。

- char-rnn/data/tinyshakespeare/input.txt
  网址 https://github.com/karpathy/char-rnn/tree/master/data/tinyshakespeare

要点提示

在 Colaboratory 中进行文件上传

在 Colaboratory 中，执行以下命令进行文件的上传。

```
from google.colab import files

# 在出现的对话框中，选择要上传的本地文件
uploaded = files.upload()
```

要点提示

char-rnn/data/tinyshakespeare/input.txt

感谢 Andrej Karpathy 生成和创建此数据集。

○ Dataset 类的创建

如 List 5.12 所示，进行一个 Dataset 类的定义。在该 Dataset 类的定义中，将这个巨大的文本文件分割为多个块（Chunk），例如每个块的文本长度为 200 个字符。

还可以通过 Tensor 的 split 方法，得到一个指定长度的 Tensor 元组，并且对最后一个元组的长度进行检查，在小于指定长度的情况下将其丢弃。

List 5.12 Dataset 类的定义及分割

In

```
import torch
from torch import nn, optim
from torch.utils.data import (Dataset,
                              DataLoader,
                              TensorDataset)
import tqdm
```

In

```
class ShakespeareDataset(Dataset):
    def __init__(self, path, chunk_size=200):
        # 读取文件并将其转换为数值列表
        data = str2ints(open(path).read().strip(), ➡
vocab_dict)

        # 转换为 Tensor 并进行 split 拆分
        data = torch.tensor(data, dtype=torch.int64).➡
split(chunk_size)

        # 检查最后一个块的长度，如果长度不足则丢弃
        if len(data[-1]) < chunk_size:
            data = data[:-1]

        self.data = data
        self.n_chunks = len(self.data)

    def __len__(self):
        return self.n_chunks

    def __getitem__(self, idx):
        return self.data[idx]
```

在 List 5.12 所创建的 Dataset 类的基础上，可以如 List 5.13 所示的那样，进一步进行 DataLoader 的创建，这样数据准备就完成了。

List 5.13 通过 Dataset 类进行 DataLoader 的创建

In

```
ds = ShakespeareDataset("<your_path>/tinyshakespeare.txt",
                        chunk_size=200)          指定任意一个目录
loader = DataLoader(ds, batch_size=32, shuffle=True,
                    num_workers=4)
```

5.4.2 模型的定义和学习

文本生成的模型的构建

以下进行文本生成模型的建立，如 List 5.14 所示。文本生成模型是一个多元分类的问题，该问题以当前字符 x 为输入，进行下一个字符 y 的预测。因此，模型网络的定义基本上与 5.3 节所进行的定义相同，只是最后线性层的输出个数与 x 所具有的字符数相同。

List 5.14 文本生成模型的构建

In

```
class SequenceGenerationNet(nn.Module):
    def __init__(self, num_embeddings,
                 embedding_dim=50,
                 hidden_size=50,
                 num_layers=1, dropout=0.2):
        super().__init__()
        self.emb = nn.Embedding(num_embeddings, embedding_dim)
        self.lstm = nn.LSTM(embedding_dim,
                            hidden_size,
                            num_layers,
                            batch_first=True,
                            dropout=dropout)
        # Liner 层 output 的数量与第一个 Embedding 层的 input 数量相同
        # 均为 num_embeddings
        self.linear = nn.Linear(hidden_size, num_embeddings)

    def forward(self, x, h0=None):
        x = self.emb(x)
        x, h = self.lstm(x, h0)
        x = self.linear(x)
        return x, h
```

文本生成函数的构建

在此，根据 List 5.14 所创建的文本生成模型来创建一个实际生成文本的函数，如 List 5.15 所示。

List 5.15 文本生成函数的构建

In

```
def generate_seq(net, start_phrase="The King said ",
```

```
                     length=200, temperature=0.8, device="cpu"):
    # 将模型置于评价模式
    net.eval()
    # 将输出数值存入列表中
    result = []

    # 将起始字符串转换为 Tensor
    start_tensor = torch.tensor(
        str2ints(start_phrase, vocab_dict),
        dtype=torch.int64
    ).to(device)
    # 在前面添加上 batch 的维度
    x0 = start_tensor.unsqueeze(0)
    # 通过 RNN 获得输出和新的内部状态
    o, h = net(x0)
    # 将未归一化的输出转换为概率值
    out_dist = o[:, -1].view(-1).exp()
    # 根据所得到的最大概率值获取实际字符的索引
    top_i = torch.multinomial(out_dist, 1)[0]
    # 保存结果
    result.append(top_i)

    # 将产生的结果逐个输入到 RNN
    for i in range(length):
        inp = torch.tensor([[top_i]], dtype=torch.int64)
        inp = inp.to(device)
        o, h = net(inp, h)
        out_dist = o.view(-1).exp()
        top_i = torch.multinomial(out_dist, 1)[0]
        result.append(top_i)

    # 将起始字符串和生成的字符串一起返回
    return start_phrase + ints2str(result, all_chars)
```

此函数首先接收第一个字符串，然后进行后续文本的生成。

首先，将起始字符串转换为 Tensor 并将其放入 RNN 中，以获取相应的预测输出和新的内部状态。然后，再将此预测输出作为新的输入，连同新的内部状态一起输入到 RNN，并一个接一个地获得预期的预测结果。

此外，由于 RNN 的输出与线性模型的输出相同，因此有必要将其转换为字符的索引。如果简单采用线性模型输出的最大位置，将仅进行相似字符的生成，因此需要将该输出转换为一个概率值，该概率值是从多项分布（torch.multinomial）中进行采样的。

在进行这种概率值的转换时，在线性层的输出中原本应放入 softmax 函数，但由于在此不必将输出的概率值参数进行归一化（Normalized）（参见要点提示）操作，因此可以直接将 torch.multinomial 指数函数放入输出层中，取代多元分类的 softmax 函数。

如下式所示的公式表示 softmax 函数与 torch.multinomial 指数函数之间的关系。通过该公式，可以发现，通过该指数函数可以获得未归一化的概率值，其效果与 softmax 函数是等效的。

$$\mathrm{softmax}(\boldsymbol{a})_i = \frac{\exp(a_i)}{\sum_j \exp(a_j)}$$

要点提示

归一化

通过该操作，使得所有项的和为 1。

○ 模型训练

模型训练将按照 List 5.16 所示的过程进行，其要点如下。

1. 输入 x 使用的是从各块文本中的第一个字符到倒数第二个字符，而 y 使用的是从第二个字符到最后一个字符，如图 5.3 所示。

2. 由于 nn.CrossEntropyLoss 仅可以使用 2D（batch，dim）的预测值和 1D（batch）的标签数据，但是在该 RNN 的模型中，预测值是 3D（batch，step，dim）的，标签是 2D（batch，step）的，所以需要使用 view 方法将 batch 和 step 合并后再进行参数的传递。

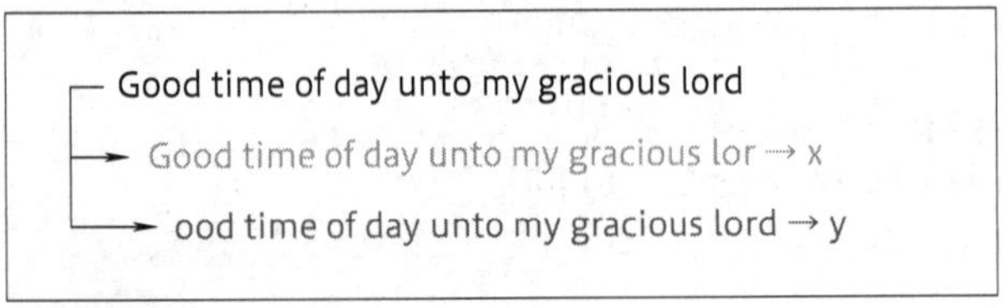

```
Good time of day unto my gracious lord
  → Good time of day unto my gracious lor → x
  → ood time of day unto my gracious lord → y
```

图 5.3 由文本块分割得到的 x 和 y

List 5.16 文本生成的函数构建

In

```
from statistics import mean

net = SequenceGenerationNet(vocab_size, 20, 50,
                            num_layers=2, dropout=0.1)
net.to("cuda:0")
opt = optim.Adam(net.parameters())
# 由于是多元分类问题，因此采用 SoftmaxCrossEntropyLoss 作为损失函数
```

```
loss_f = nn.CrossEntropyLoss()

for epoch in range(50):
    net.train()
    losses = []
    for data in tqdm.tqdm(loader):
        # x 是从第一个字符到倒数第二个字符
        x = data[:, :-1]
        # y 是从第二个字符到最后一个字符
        y = data[:, 1:]

        x = x.to("cuda:0")
        y = y.to("cuda:0")

        y_pred, _ = net(x)
        # 将 batch 和 step 的轴合并后再传递给 CrossEntropyLoss
        loss = loss_f(y_pred.view(-1, vocab_size), ➡
y.view(-1))
        net.zero_grad()
        loss.backward()
        opt.step()
        losses.append(loss.item())
    # 显示当前损失函数的值和生成的文本
    print(epoch, mean(losses))
    with torch.no_grad():
        print(generate_seq(net, device="cuda:0"))
```

Out

```
100%|**|  175/175 [00:17<00:00,  9.82it/s]
0 3.4523950699397496
  0%|           | 0/175 [00:00<?, ?it/s]The King said
mytcumese,iNwcio;mwsd
'a dtr ewooap udr oy eadhAsoi gen
R Ri  ne  n h NOuhc,ul rn utila im
l
erts aeiEon
cntrdcpo linwSdei owatus r u,g ao n: bihe eranne tnt
obatschytf n  e deyyeetr aain rohf yedi s

 (…略…)

100%|**|  175/175 [00:10<00:00, 16.88it/s]
```

```
48 1.6563731929234096
  0%|          | 0/175 [00:00<?, ?it/s]
The King said cleman theur beeting you both;
Sepfiness this know where some me turted bring; and but ere.

COLOUNEN EPIZE:
The lices, and my sive, you will behobe?

BENVOLIO:
And should firth him fall and returnts,
```

在大约 50 个 epoch 的学习训练过程中，模型生成的文本如 List 5.16 中的 Out 部分所示。

像这样以字符为单位的模型，可以进行像英语这样的单词的生成，但是也可以看出，如果考虑到较大范围的上下文关系，则很难顺利生成恰当的单词序列。

5.5 基于编码器 - 解码器模型的机器翻译

最后，使用了一种被称为编码器 - 解码器的模型进行机器翻译，该模型由编码器和解码器两个神经网络模型构成。

编码器 - 解码器（Encoder-Decoder）模型由两个对象组成，并且对于两个对象来说，可以由任意一个对象进行另一个对象的生成。

例如，通过英语和法语文本模型的构建，就可以将英语文本翻译成法语文本；通过问题和答案模型的构建，就可以实现一个自动问答系统。

除此之外，通过与 CNN 模型的结合，这种模型还可以用于从图像中进行说明文本等的生成，因此可以说这种模型是深度学习和神经网络中最受关注的模型之一。

在本节中，我们将进行从英语到西班牙语翻译模型的构建。由于这两种语言都是欧洲语系的语言，具有容易进行预处理和数据比较丰富等特点，所以在此选择了英语到西班牙语进行翻译模型的构建。

5.5.1 编码器 - 解码器模型

由于编码器 - 解码器模型是一种具有高自由度的模型，因此存在着各种各样的派生模型，但是它们的工作原理大体如下。

1. 将需要转换的源数据（source，src）输入到编码器中，并获得其特征向量。

2. 将获得的特征量向量输入到解码器中，以获得作为转换结果的目标数据（target、trg）。

例如，如 5.3 节所介绍的那样，如果将一个使用 RNN 进行分类的模型的最后一个输出层替换为任意维度的线性层，则得到了一个与之对应的编码器。解码器则是与 5.4 节所介绍的 RNN 文本生成模型以及第 4 章所介绍的 DCGAN 的生成器是等效的。

使用 RNN 的编码器 - 解码器模型

以下将介绍一个最简单的机器翻译模型，该模型的机器翻译是利用 RNN 构成的一个编码器 - 解码器进行的。

编码器进行源文本的读取，并将最后步骤中的内部状态进行输出，作为特征量或上下文。

解码器将这个上下文作为初始的内部状态，并通过一个被称为开始标签的特殊输入进行下一个单词和新内部状态的输出。

在这个过程中，解码器同时再将所产生的内部状态作为下一级的输入。以此类推，不断进行上一级内部状态到下一级的导入。

如图 5.4 所示，在编码器中进行源文本的导入，并将其最后一个内部状态和开始标签（<SOS>）用作解码器的初始值，从而进行翻译文本的生成。

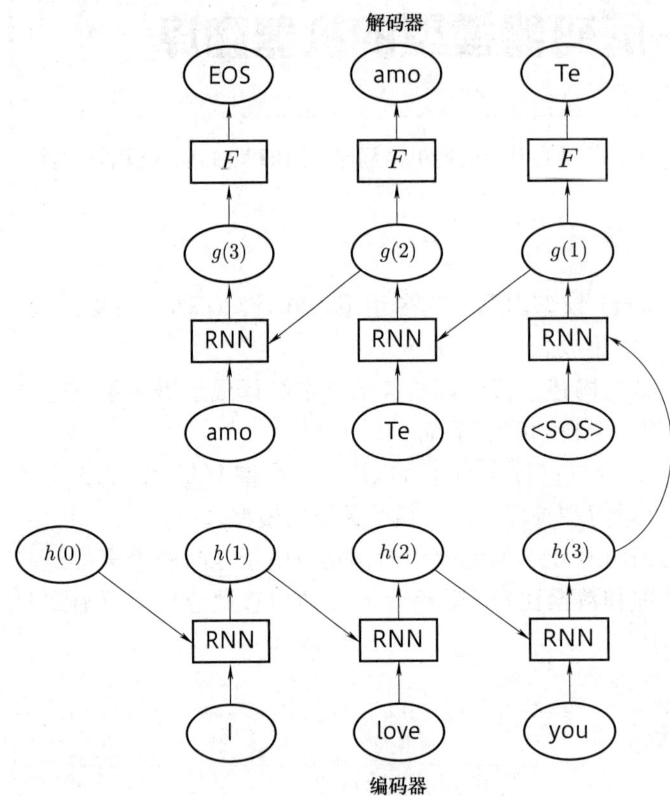

图 5.4 编码器 - 解码器模型。下部为编码器，上部为解码器

5.5.2 数据准备

在此，英语和西班牙语的双语数据集使用在线翻译数据库项目 Tatoeba.org 的公开数据集。

- Tatoeba.org
  网址 https://tatoeba.org/jpn/

此外，该公开数据集还采用了 Tab 字符对数据集中的文本进行了分段，从而使其形成了一种便于使用的形式。因此，我们在此也使用这种以 Tab 字符分段的易于使用的数据集。

在如下所示的网站中，可以进行一种被称为“ Tab-delimited Bilingual Sentence Pairs”的 Tab 字符分隔的双语语句对下载，下载文件名为 spa-eng.zip 的文件。将其解压后会出现 spa.txt 的文件，此时可将其复制到任意的工作空间中。

- Tab-delimited Bilingual Sentence Pairs
  网址 http://www.manythings.org/anki/

要点提示

Colaboratory 中的压缩文件解压

在 Colaboratory 中，执行以下命令。

```
!wget http://www.manythings.org/anki/spa-eng.zip
!unzip spa-eng.zip
```

○ 辅助函数的构建

接下来，我们将进行 Dataset 的构建。在进行 Dataset 的构建之前，首先需要构建一些辅助函数，如 List 5.17 所示。

List 5.17 构建辅助函数

In

```
import torch
from torch import nn, optim
from torch.utils.data import (Dataset,
                              DataLoader,
                              TensorDataset)
import tqdm
```

In

```
import re
import collections
import itertools

remove_marks_regex = re.compile(
    "[\,\(\)\[\]\*:;¿¡]|<.*?>")
shift_marks_regex = re.compile("([?!\.])")

unk = 0
sos = 1
eos = 2

def normalize(text):
    text = text.lower()
    # 删除不需要的字符
    text = remove_marks_regex.sub("", text)
    # 在单词和 ?! 之间插入空格
```

```
    text = shift_marks_regex.sub(r" \1", text)
    return text

def parse_line(line):
    line = normalize(line.strip())
    # 创建各个翻译源（src）和翻译目标（trg）的标记列表
    src, trg = line.split("\t")
    src_tokens = src.strip().split()
    trg_tokens = trg.strip().split()
    return src_tokens, trg_tokens

def build_vocab(tokens):
    # 计算文件中每个句子出现的标记数量
    counts = collections.Counter(tokens)
    # 按照标记出现次数多少进行降序排序
    sorted_counts = sorted(counts.items(),
                           key=lambda c: c[1], ➡
reverse=True)
    # 通过 3 个标签的添加，创建正向查找列表和反向查找词典
    word_list = ["<UNK>", "<SOS>", "<EOS>"] \
        + [x[0] for x in sorted_counts]
    word_dict = dict((w, i) for i, w in enumerate(➡
word_list))
    return word_list, word_dict

def words2tensor(words, word_dict, max_len, padding=0):
    # 在末尾加上终止标记
    words = words + ["<EOS>"]
    # 通过词典转换为数值列表
    words = [word_dict.get(w, 0) for w in words]
    seq_len = len(words)
    # 在长度小于 max_len 的情况下，进行填充
    if seq_len < max_len + 1:
        words = words + [padding] * (max_len + 1 - seq_len)
    # 转换成 Tensor 后进行返回
    return torch.tensor(words, dtype=torch.int64), seq_len
```

首先通过 normalize 的规范化操作，将文本中的字符全部转换为小写之后，删除多余的文字，并将其中的“!”“?”和单词进行分隔。特别是西班牙语，在感叹句和疑问句的开头总要加上一个“¡”“¿”这样的倒置标记符，为了简化，需要将这些符号进行删除，使其成为和英语一样只保留句末的常规符号。

parse_line 是将 spa.txt 文件的各行分别转换成英语和西班牙语的标记列表的函数。

build_vocab 是一个进行词汇表构建的函数。关于英语和西班牙语的部分，除了包含在这个文件中的单词以外，还要附加额外的 3 个标签，分别用于文本语句的填充，语句的开始标签，以及语句的结束标签。

words2tensor 是一个将单词列表转换为 Tensor 的函数。该函数指定了语句的最大长度，对于长度小于最大长度的语句，需要对不足的部分进行填充操作。

○ TranslationPairDataset 类的构建

在此，我们使用 List 5.17 中构建的辅助函数，进行 TranslationPairDataset 类的构建，如 List 5.18 所示。这个类除了进行文件的读取以外，还为各个翻译源和翻译目标构建词汇集和 Tensor 列表。另外，由于很难学习的原因，在此尽量不要使用包含多个单词的文本语句。

此外，对于作为翻译目标的 Tensor，在此采用 -100 进行填充，这是因为在 PyTorch 中，CrossEntropyLoss 默认不会将 -100 的标签包含在损失函数的计算中，因此使得可变长度序列的处理变得更加容易。

List 5.18 TranslationPairDataset 类的构建

In

```
class TranslationPairDataset(Dataset):
    def __init__(self, path, max_len=15):
        # 过滤单词过多语句的函数
        def filter_pair(p):
            return not (len(p[0]) > max_len
                        or len(p[1]) > max_len)
        # 打开文件，进行解析 / 过滤
        with open(path) as fp:
            pairs = map(parse_line, fp)
            pairs = filter(filter_pair, pairs)
            pairs = list(pairs)
        # 将语句对分成源和目标
        src = [p[0] for p in pairs]
        trg = [p[1] for p in pairs]
        # 构建各自的词汇集
        self.src_word_list, self.src_word_dict = \
            build_vocab(itertools.chain.from_➡
iterable(src))
        self.trg_word_list, self.trg_word_dict = \
            build_vocab(itertools.chain.from_➡
iterable(trg))
        # 使用词汇集将语句单词列表转换为 Tensor
        self.src_data = [words2tensor(
```

```
            words, self.src_word_dict, max_len)
                for words in src]
        self.trg_data = [words2tensor(
            words, self.trg_word_dict, max_len, -100)
                for words in trg]

    def __len__(self):
        return len(self.src_data)

    def __getitem__(self, idx):
        src, lsrc = self.src_data[idx]
        trg, ltrg = self.trg_data[idx]
        return src, lsrc, trg, ltrg
```

这里最多只能处理 10 个单词的句子。如 List 5.19 那样，通过 Dataset 和 DataLoader 的构建，数据的准备就完成了。

List 5.19 Dataset 和 DataLoader 的构建

In

```
batch_size = 64
max_len = 10
path = "<your_path>/spa.txt"                    任意指定一个目录
ds = TranslationPairDataset(path, max_len=max_len)
loader = DataLoader(ds, batch_size=batch_size, shuffle=True,
                    num_workers=4)
```

5.5.3 基于 PyTorch 的编码器 - 解码器模型

这里的编码器和解码器分别使用 5.3 节和 5.4 节介绍的方法，没有太大的区别。

编码器的构建

编码器的构建如 List 5.20 所示。

List 5.20 编码器的构建

In

```
class Encoder(nn.Module):
    def __init__(self, num_embeddings,
                 embedding_dim=50,
                 hidden_size=50,
```

```
                     num_layers=1,
                     dropout=0.2):
        super().__init__()
        self.emb = nn.Embedding(num_embeddings, ➡
embedding_dim,
                                padding_idx=0)
        self.lstm = nn.LSTM(embedding_dim,
                                hidden_size, num_layers,
                                batch_first=True, ➡
dropout=dropout)

    def forward(self, x, h0=None, l=None):
        x = self.emb(x)
        if l is not None:
            x = nn.utils.rnn.pack_padded_sequence(
                x, l, batch_first=True)
        _, h = self.lstm(x, h0)
        return h
```

对于一个简单的编码器-解码器模型来说，可以仅将内部状态传递到解码器，所以编码器无需进行输出（通常的输出为 o, h = self.lstm(x, h0)，但是在不需要输出 o 的情况下，可以仅仅给出 h =…)。

◎ 解码器的构建

接下来将介绍解码器的构建，如 List 5.21 所示。

List 5.21 解码器的构建

In

```
class Decoder(nn.Module):
    def __init__(self, num_embeddings,
                 embedding_dim=50,
                 hidden_size=50,
                 num_layers=1,
                 dropout=0.2):
        super().__init__()
        self.emb = nn.Embedding(num_embeddings, ➡
embedding_dim,
                                padding_idx=0)
        self.lstm = nn.LSTM(embedding_dim, hidden_size,
                            num_layers, batch_first=True,
                            dropout=dropout)
```

```
        self.linear = nn.Linear(hidden_size, num_➡
embeddings)

    def forward(self, x, h, l=None):
        x = self.emb(x)
        if l is not None:
            x = nn.utils.rnn.pack_padded_sequence(
                x, l, batch_first=True)
        x, h = self.lstm(x, h)
        if l is not None:
            x = nn.utils.rnn.pad_packed_sequence(x, ➡
batch_first=True, padding_value=0)[0]
        x = self.linear(x)
        return x, h
```

此处的编码器与 5.4 节中用于文本生成的 RNN 基本相同。所不同的是，在 5.4 节中，所有内部状态的初始值都使用了 0，输入的初始值都使用了自己指定的字符串，但是这里编码器的内部状态初始值只使用的是解码器最后的内部状态。输入初始值的不同之处仅仅在于编码器使用了开始标记 <SOS>。

◎ 翻译函数的构建

至此，我们已经完成了模型的定义，接下来就可以进行翻译函数的准备，并通过该函数进行实际的翻译，如 List 5.22 所示。

首先，将翻译后的文本（input_str）数值化，将其转换为 Tensor，并准备必要的编辑，例如开始标记。

将量化的翻译源 Tensor 放入编码器中，生成上下文（内部状态），将其与初始令牌一起设置为初始值，然后将其放入解码器中。

解码器的输出将是下一个输入，因此重复此操作。最后，对所记录的输出，将其数值转换为目标字符串。

List 5.22 翻译函数的构建

In

```
def translate(input_str, enc, dec, max_len=15, ➡
device="cpu"):
    # 将输入字符串数值化，并转换为 Tensor
    words = normalize(input_str).split()
    input_tensor, seq_len = words2tensor(words,
        ds.src_word_dict, max_len=max_len)
    input_tensor = input_tensor.unsqueeze(0)
    # 因为在编码器中使用，所以也要给出输入的长度
```

```
    seq_len = [seq_len]
    # 准备初始标记
    sos_inputs = torch.tensor(sos, dtype=torch.int64)
    input_tensor = input_tensor.to(device)
    sos_inputs = sos_inputs.to(device)
    # 将输入字符串传递到编码器中以得到上下文
    ctx = enc(input_tensor, l=seq_len)
    # 将初始标记和上下文一起作为解码器的初始值
    z = sos_inputs
    h = ctx
    results = []
    for i in range(max_len):
        # 通过解码器预测下一个单词
        o, h = dec(z.view(1, 1), h)
        # 线性层输出值最大的位置即为下一个字符的 ID
        wi = o.detach().view(-1).max(0)[1]
        if wi.item() == eos:
            break
        results.append(wi.item())
        # 将本次输出的 ID 作为下一次的输入
        z = wi
    # 将已记录的输出 ID 转换成字符串
    return " ".join(ds.trg_word_list[i] for i in results)
```

◎ 函数功能的确认

在此，让我们通过如 List 5.23 所示的代码试着进行前述构建函数功能的确认。因为所采用的模型还没有经过学习和训练，所以生成了一个谜一般的文本，但是其运行似乎没有问题。

List 5.23 函数功能的确认

In

```
enc = Encoder(len(ds.src_word_list), 100, 100, 2)
dec = Decoder(len(ds.trg_word_list), 100, 100, 2)
translate("I am a student.", enc, dec)
```

Out

```
'utilizada calificaciones federal pillas miramos ➡
mecanográfico guiteau toco incomoda idénticos avaricia ➡
comportamiento traducido garaje unánime'
```

○ 模型的学习

至此，终于可以开始学习和训练了。这个过程的计算是非常花费时间的，因此，如果可能的话，尽量采用具有 GPU 的环境来进行。

在学习和训练时，首先也需要重新进行模型的创建，并准备好优化器和损失函数。

在此采用的优化器，其参数是作者尝试过的，也是最佳的参数，如 List 5.24 所示。

List 5.24 优化器的参数

In

```
enc = Encoder(len(ds.src_word_list), 100, 100, 2)
dec = Decoder(len(ds.trg_word_list), 100, 100, 2)
enc.to("cuda:0")
dec.to("cuda:0")
opt_enc = optim.Adam(enc.parameters(), 0.002)
opt_dec = optim.Adam(dec.parameters(), 0.002)
loss_f = nn.CrossEntropyLoss()
```

学习训练部分的代码如 List 5.25 所示。

在此，使用 enc 的输出作为初始状态，进行西班牙语句子中下一个单词的预测，同时进行损失函数的计算。

通过翻译得到的目标文本的长度与训练语句对中的监督数据的长度不一定相同，但是由于在此采用的是通过 -100 进行的填充，因此对填充的部分可以自动忽略，从而使得小批量的处理变得更加容易。

List 5.25 模型的学习训练部分（损失函数等）

In

```
from statistics import mean

def to2D(x):
    shapes = x.shape
    return x.reshape(shapes[0] * shapes[1], -1)

for epoc in range(30):
    # 将网络设置为训练模式
    enc.train(), dec.train()
    losses = []
    for x, lx, y, ly in tqdm.tqdm(loader):
        # 为了进行 x 的 PackedSequence 创建，将翻译源的长度进行降序排列
        lx, sort_idx = lx.sort(descending=True)
        x, y, ly = x[sort_idx], y[sort_idx], ly[sort_idx]
        x, y = x.to("cuda:0"), y.to("cuda:0")
        # 将翻译源文本传递给编码器，得到上下文信息
```

```
        ctx = enc(x, l=lx)

        # 为了制作 y 的 PackedSequence，按翻译目标的长度进行降序排列
        ly, sort_idx = ly.sort(descending=True)
        y = y[sort_idx]
        # 设置解码器的初始值
        h0 = (ctx[0][:, sort_idx, :], ctx[1][:, sort_idx, :])
        z = y[:, :-1].detach()
        # 如果保持为 -100，则在 Embedding 的计算中会出现错误➡
因此将其值替换为 0
        z[z==-100] = 0
        # 通过解码器进行损失函数的计算
        o, _ = dec(z, h0, l=ly-1)
        loss = loss_f(to2D(o[:]), to2D(y[:, 1:max(ly)]).➡
squeeze())
        # 执行 Backpropagation（误差反向传播法）
        enc.zero_grad(), dec.zero_grad()
        loss.backward()
        opt_enc.step(), opt_dec.step()
        losses.append(loss.item())

    # 完成数据集的计算后
    # 显示当前损失函数值和翻译结果
    enc.eval(), dec.eval()
    print(epoc, mean(losses))
    with torch.no_grad():
        print(translate("I am a student.",
                        enc, dec, max_len=max_len, ➡
device="cuda:0"))
        print(translate("He likes to eat pizza.",
                        enc, dec, max_len=max_len, ➡
device="cuda:0"))
        print(translate("She is my mother.",
                        enc, dec, max_len=max_len, ➡
device="cuda:0"))
```

Out

```
100%|**| 1600/1600 [01:31<00:00, 17.45it/s]
  0%|          | 0/1600 [00:00<?, ?it/s]0
5.409873641133308
un buen .
a él le gusta comer pizza .
ella es mi madre .
```

```
(…略…)

100%|**|  1600/1600 [01:39<00:00, 16.12it/s]
  0%|          | 0/1600 [00:00<?, ?it/s]28 ➡
0.4390222669020295
soy un estudiante .
a él le gusta comer pizza .
 ella es mi madre .
100%|**|  1600/1600 [01:43<00:00, 15.52it/s]29 ➡
0.43130578387528656
soy un estudiante .
a él le gusta comer pizza .
ella es mi madre .
```

经过约 30 个 epoch 的学习训练后，得到的翻译结果如图 5.5 所示。

```
- I am a student. -> soy un estudiante .
- He likes to eat pizza. -> a él le gusta comer pizza .
- She is my mother. -> ella es mi madre .
```

图 5.5 翻译结果

通过结果可以看出，在此给出的所有相对简单的示例均已得到正确的翻译。

对于第一个示例语句，其直译的结果应该是“ yo soy un estudiante”。但是，如果了解西班牙语，我们知道西班牙语中，在主语明确的情况下是可以省略的，所以在此省略了“yo soy un estudiante”的“yo”，使得译文比英语少了一个单词[㊀]。

对于第二个示例语句，这是一个目的代名词放在前面的倒装句，也是在西班牙语中频繁出现的情况。通过这个句子的正确翻译，我们可以看出，翻译进行的不是简单的单词替换。

另外，这里介绍的模型仅是一个最简单的翻译模型，它将所有的信息都导入到一个被称为内部状态的变量中。因为是一个最简单的模型，所以无法对长的句子进行很好的翻译。但是在最新的研究中，可以使用一种被称为 Attention 的机制（参见要点提示），能够根据位置的不同使用不同的信息，因此即使是很长的句子，也能准确地翻译出来。

要点提示

Attention 机制

- Attention and Augmented Recurrent Neural Networks
  网址 https://distill.pub/2016/augmented-rnns/

㊀ 由于本书不是一本西班牙语手册，因此不会介绍西班牙语的语法。有关西班牙语的语法，请参阅相关的专业书籍。

5.6 本章小结

在此，对本章介绍的内容进行总结。

RNN 是一种能够记录上下文等历史信息的神经网络模型，适合进行时间序列数据的分析。对于 Elman 型的 RNN，由于诸如梯度消失之类的问题，很难进行较长时间序列的学习，因此提出了诸如 LSTM 和 GRU 等各种不同类型的 RNN 模型。

RNN 模型不仅可以用于文本的分类，还可以进行文本的生成，特别是如编码器 - 解码器这样的模型的使用，由于其组合了两个不同的模型，因此可以应用于诸如机器翻译等多种任务。

本章没有涉及日语文本处理的示例，因为日语文本的预处理很复杂并且存在着一些本质的不同。但是如果使用 Python，则可以在一个被称为 Janome（参见要点提示）的程序库中轻松地进行日文单词的划分，因此有兴趣的读者可以进行尝试。

要点提示

Janome

- Janome v0.3 documentation (ja)
  网址 http://mocobeta.github.io/janome/

第6章

6 推荐系统和矩阵分解

本章介绍矩阵分解（Matrix Factorization，MF）——一个推荐系统中经常使用的典型算法，它不仅可以通过神经网络来表示，而且可以通过网络的多层化来进行非线性的扩展。

基于神经网络的推荐系统是一个比较新的研究领域，近年来研究越发活跃，比如将矩阵分解和分解机等用来进行非线性扩展。

所有这些都不同于用于图像处理和自然语言处理的CNN和RNN，这些模型的应用可以说展现了神经网络的高通用性。

注意

关于第6章中的代码

在某些环境中，本章中的代码可能导致以下错误：

- DataLoader causing `'RuntimeError: received 0 items of ancdata'`#973
  网址 https://github.com/pytorch/pytorch/issues/973

在本书撰写的时间点（截至2018年8月），在启动脚本或Jupyter Notebook之前，可能需要在运行的终端中输入类似ulimit-n 4096等内容，以提高操作系统（OS）文件数量的上限。

6.1 矩阵分解

本节中，我们将对作为一种典型推荐技术的矩阵分解进行介绍，并了解如何通过 PyTorch 来进行相应神经网络模块的实现。

6.1.1 理论背景

以矩阵分解为例，如图 6.1 所示，假如其列方向为商品，行方向为用户，相应位置元素的值为该用户购买相应商品的历史数据，诸如用户购买该商品的次数以及对相应商品的评价值等。

如果将商品的数量设为 M，用户的数量设为 N，则所构成的就是一个 $N\times M$ 矩阵，在此我们将其定义为 $\boldsymbol{A}$。由以上的介绍可知，矩阵 $\boldsymbol{A}$ 也通常是一个稀疏矩阵。矩阵分解的基本思想就是确定一个远小于 N 和 M 的数字 K，然后用一个 $N\times K$ 的用户因子矩阵 $\boldsymbol{U}$ 和 $M\times K$ 的商品因子矩阵 $\boldsymbol{V}$ 的乘积来对矩阵 $\boldsymbol{A}$ 进行近似。

在此，用户因子矩阵 $\boldsymbol{U}$ 和商品因子矩阵 $\boldsymbol{V}$ 的乘积可以得到一个新的矩阵 $\boldsymbol{A}'$，该矩阵是原矩阵 $\boldsymbol{A}$ 的近似。同时，在原矩阵 $\boldsymbol{A}$ 中，在有一些位置的元素值可能为 0，即用户还没有购买过该商品。通过矩阵分解后，可能在用户原本没有购买过的商品组合处出现了非 0 的数值，表明这些商品是用户感兴趣但尚未购买的商品，也就是要进行推荐的对象。

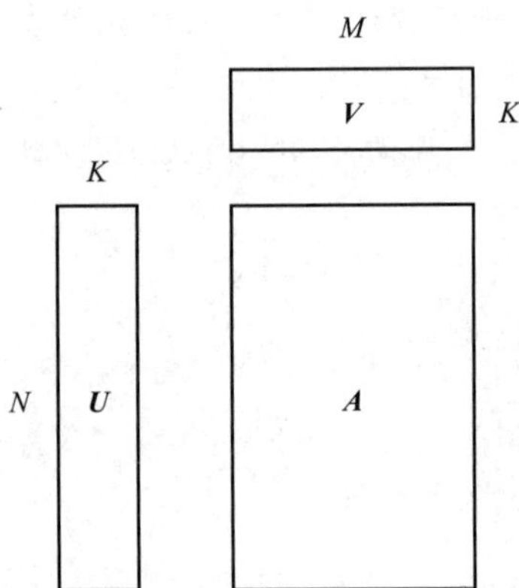

图 6.1 矩阵分解。$\boldsymbol{A} \doteq \boldsymbol{U}\boldsymbol{V}^{\mathrm{T}}$。$\boldsymbol{U}$ 可以解释为由用户特征向量构成的矩阵，而 $\boldsymbol{V}$ 可以解释为由商品特征向量构成的矩阵

在实际工作中，我们可以通过取某一用户 i 的特征向量和某一商品 j 的特征向量的内积，计算出用户 i 对商品 j 的评价。

为了寻找矩阵的这种分解算法，目前已经提出了各种不同的分解方案，诸如奇异值分解（Singular Value Decomposition，SVD）、改进的奇异值分解、非负值矩阵分解（Non-negative Matrix Factorization，NMF）等，这些算法都是非常著名的实现矩阵分解的方法。

另外，同样的分析方法在自然语言处理领域也被称为潜在语义分析（Latent Semantic Analysis，LSA）。

6.1.2 MovieLens 数据集

MovieLens 是一个通常作为推荐系统基准使用的典型数据集。它是由超过 100000 个用户对 27000 部电影进行 5 个等级评价的数据。除了评价之外，还包括每部电影的类型数据。为了获取该数据集，我们可以从以下网址进行 ml-20m.zip 文件的下载。

- MovieLens
  网址 http://files.grouplens.org/datasets/movielens/ml-20m.zip

在此，我们利用其中一个叫作 ratings.csv 的文件。该 CSV 文件一共有 4 列，分别为 userId、movieId、rating 和 timestamp，在此我们仅使用前 3 列的数据。

顾名思义，userId 和 movieId 分别为用户和电影的 ID，rating 为评价的得分值。其中，评价得分的取值范围为 0 ~ 5，并以 0.5 进行递增。经作者确认，所有的评价得分值中没有一个是 0 分。

要点提示

在 Colaboratory 中压缩文件的下载和解压

在 Colaboratory 下，执行以下命令。

```
!wget http://files.grouplens.org/datasets/movielens/➡
ml-20m.zip
!unzip ml-20m.zip
```

Dataset 和 DataLoader 的构建

在 List 6.1 的代码中，使用 Pandas 进行压缩文件的读取，并将解压后得到的数据划分为训练数据和测试数据，然后分别进行 Dataset 和 DataLoader 的构建。其中，X 为二元变量（userId，movieId），Y 为评价的分值 rating，以此进行 Dataset 的构建。

List 6.1 Dataset 和 DataLoader 的构建

In

```
import torch
from torch import nn, optim
from torch.utils.data import (Dataset,
```

```
                             DataLoader,
                             TensorDataset)
import tqdm
```

In

```
import pandas as pd
# 用于训练数据和测试数据的分割
from sklearn import model_selection

df = pd.read_csv("解凍したraiting.csvのパス")
# X为二元变量（userId，movieId）
X = df[["userId", "movieId"]].values
Y = df[["rating"]].values

# 训练数据和测试数据按9:1的比例分割
train_X, test_X, train_Y, test_Y\
    = model_selection.train_test_split(X, Y, test_size=0.1)

# X为整数ID，因此转换为int64的Tensor，Y为实数值，因此转换为float32的Tensor
train_dataset = TensorDataset(
    torch.tensor(train_X, dtype=torch.int64), ➡
torch.tensor(train_Y, dtype=torch.float32))
test_dataset = TensorDataset(
    torch.tensor(test_X, dtype=torch.int64), ➡
torch.tensor(test_Y, dtype=torch.float32))

train_loader = DataLoader(
    train_dataset, batch_size=1024, num_workers=4, ➡
shuffle=True)
test_loader = DataLoader(
    test_dataset, batch_size=1024, num_workers=4)
```

解压 raiting.csv 的路径

6.1.3 PyTorch 中的矩阵分解

在此介绍如何在 PyTorch 中进行矩阵分解模型的构建和训练。

用户 ID 和商品 ID 向 K 维向量的转换

在此，我们首先需要考虑的是如何将用户 ID 和商品 ID 分别转换为与各自相对应的一个 K 维向量。有趣的是，这正好适用于第 5 章中介绍的 nn.Embedding 的情形。如果有了这两个特征向量，就可以如 List 6.2 所描述的那样，只需要计算两者的内积，就可以实现原矩阵的近似分解。如果简单地将该内积直接用作评价的预测值，则该值有可能超出[0, 5]的范围，所以在最后需要通过 sigmoid 函数将其控制在[0, 5]的范围内。

List 6.2 矩阵分解

In

```
class MatrixFactorization(nn.Module):
    def __init__(self, max_user, max_item, k=20):
        super().__init__()
        self.max_user = max_user
        self.max_item = max_item
        self.user_emb = nn.Embedding(max_user, k, 0)
        self.item_emb = nn.Embedding(max_item, k, 0)

    def forward(self, x):
        user_idx = x[:, 0]
        item_idx = x[:, 1]
        user_feature = self.user_emb(user_idx)
        item_feature = self.item_emb(item_idx)

        # User_feature*item_feature是(batch_size,k)维的
        # 因此，对k进行求和，即得到各个样本的内积
        out = torch.sum(user_feature * item_feature, 1)

        # 转换到[0, 5]的范围内
        out = nn.functional.sigmoid(out) * 5
        return out
```

用户和商品的数量

为了进行这类问题示例的实际创建，我们首先需要知道用户和商品的数量。在 MovieLens 数据集中，ID 的编号是从 1 开始的，所以我们只需要分别将用户和商品的最大 ID 值加 1 作为其数量就可以了，如 List 6.3 所示。

List 6.3 用户和商品的数量

In

```
max_user, max_item = X.max(0)
# 将np.int64类型转换为标准的Python int
max_user = int(max_user)
max_item = int(max_item)
net = MatrixFactorization(max_user+1, max_item+1)
```

○ 评价函数的创建

然后像往常一样，进行使用测试数据和实际训练部分创建评价函数。首先是测试数据所需要的评价函数。这里以 MAE（Mean Absolute Error，平均绝对误差）作为衡量标准。

对于 MAE 的计算，在 PyTorch 中也有 nn.L1Los 或 nn.functional.l1loss 这样的标准类和函数，在此可以加以利用，如 List 6.4 所示。

List 6.4 评价函数的创建

In

```
def eval_net(net, loader, score_fn=nn.functional.➡
l1_loss, device="cpu"):
    ys = []
    ypreds = []
    for x, y in loader:
        x = x.to(device)
        ys.append(y)
        with torch.no_grad():
            ypred = net(x).to("cpu").view(-1)
        ypreds.append(ypred)
    score = score_fn(torch.cat(ys).squeeze(), ➡
torch.cat(ypreds))
    return score.item()
```

○ 训练部分的创建

至此，准备工作已经完成，可以如 List 6.5 所示的那样进行实际的训练了。

由于 MovieLens 数据集具有相当多的数据，因此可以将 SGD 的学习率设置得更高。在此，我们将其设置为 0.01，为默认值的 10 倍。

List 6.5 训练部分的创建

In

```
from statistics import mean

net.to("cuda:0")
opt = optim.Adam(net.parameters(), lr=0.01)
loss_f = nn.MSELoss()

for epoch in range(5):
    loss_log = []
    for x, y in tqdm.tqdm(train_loader):
        x = x.to("cuda:0")
```

```
        y = y.to("cuda:0")
        o = net(x)
        loss = loss_f(o, y.view(-1))
        net.zero_grad()
        loss.backward()
        opt.step()
        loss_log.append(loss.item())
    test_score = eval_net(net, test_loader, device="cuda:0")
    print(epoch, mean(loss_log), test_score, flush=True)
```

Out

```
0 1.6175087428118726 0.7348315119743347
1 0.884978003734221 0.711135983467102
2 0.8419708782708769 0.7031168341636658
3 0.8203578021781451 0.6991654634475708
4 0.8070978848076604 0.69717937707901
```

由此可以看出，在经过约 5 次循环迭代训练之后，MAE 提高到了接近 0.7 的程度。

假如我们想预测用户 1 对电影 10 的评分，可以如 List 6.6 所示的那样进行。

List 6.6 用户 1 对电影 10 评分的实际预测

In

```
# 将训练模型传递到 CPU
net.to("cpu")

# 计算用户 1 对电影 10 的评分
query = (1, 10)

# 转换为 int64 的 Tensor，再添加 batch 的维
query = torch.tensor(query, dtype=torch.int64).view(1, -1)

# 传递给 net
net(query)
```

Out

```
tensor([ 3.9975])
```

在上述模型的基础上，我们可以很容易地预测出某一个特定用户对所有电影的评分，并提取出评分高的前 5 部。

首先可以进行某一用户对所有电影的 ID 组合（userId，movieId）的创建，然后将其传递给 net，进行相应的评分值计算，最后使用 torch.topk 函数进行评分排名前五的电影

名称的提取。如 List 6.7 所示，给出了用户 1 评分前五名的电影。利用 torch.topk，不仅可以知道排名前 k 的电影的评分值，还可以知道它们的位置。

List 6.7 用户 1 评分前五名电影的选出

In

```
query = torch.stack([
    torch.zeros(max_item).fill_(1),
    torch.arange(1, max_item+1)
], 1).long()

# scores 为评分前 k 的分值
# indices 为评分前 k 的位置，也就是 movieId
scores, indices = torch.topk(net(query), 5)
```

6.2 基于神经网络的矩阵分解

本节中，我们将进行基于神经网络的矩阵分解，这也是矩阵分解的非线性扩展。使用PyTorch 可以进行非常灵活的建模。

6.2.1 非线性矩阵分解

在 6.1 节中，我们使用 PyTorch 的自动微分功能进行了矩阵分解的实现，但经过实际运行之后，可能已经有读者注意到了其中的问题。与其他类型的矩阵分解程序库相比，即使是在使用了 GPU 的情况下，它的运行速度也没有得到应有的提高。这一问题的产生，是因为直接将矩阵分解这种简单的模型强行施加到神经网络上进行求解，从而导致了很多不必要的计算。

然而，与普通的矩阵分解模型相比，神经网络具有一个很大的优势，就是可以更加灵活地进行建模。普通的矩阵分解模型使用的是线性的非常简单的计算，即用户特征向量和商品特征向量的内积，而神经网络可以使用非线性函数进行建模。通过如 List 6.8 所示的示例，这个问题就变得一目了然了。

List 6.8 使用非线性函数进行建模

In

```
class NeuralMatrixFactorization(nn.Module):
    def __init__(self, max_user, max_item,
                 user_k=10, item_k=10,
                 hidden_dim=50):
        super().__init__()
        self.user_emb = nn.Embedding(max_user, user_k, 0)
        self.item_emb = nn.Embedding(max_item, item_k, 0)
        self.mlp = nn.Sequential(
            nn.Linear(user_k + item_k, hidden_dim),
            nn.ReLU(),
            nn.BatchNorm1d(hidden_dim),
            nn.Linear(hidden_dim, hidden_dim),
            nn.ReLU(),
            nn.BatchNorm1d(hidden_dim),
            nn.Linear(hidden_dim, 1)
        )

    def forward(self, x):
        user_idx = x[:, 0]
        item_idx = x[:, 1]
```

```
        user_feature = self.user_emb(user_idx)
        item_feature = self.item_emb(item_idx)
        # 将用户特征量和商品特征量合并为一个向量
        out = torch.cat([user_feature, item_feature], 1)
        # 将合并的特征向量放入 MLP
        out = self.mlp(out)
        out = nn.functional.sigmoid(out) * 5
        return out.squeeze()
```

在这里，以 NeuralMatrixFactorization（NeuralMF）对模型进行了命名。该模型的最大特点是，无需进行用户特征向量和商品特征向量内积的求取，而是将这两个特征向量结合起来形成一个新的向量，并将其传递给通过 MLP 建立的一个非线性函数模型。对于这样的非线性函数模型，当以与此前应用于矩阵分解相同的方式进行训练时，该模型通过 5 次循环迭代训练，即可将测试准确度提高到大约 MAE = 0.62 的程度。相比于此前应用于矩阵分解的训练方式，该模型可以获得更高的准确度。

除此之外，由于 NeuralMF 无需进行用户特征向量和商品特征向量内积的求取，所以用户特征向量和商品特征向量的维度也可以使用不同的值。在用户特征向量和商品特征向量位数不同的情况下，可以通过使用不同的维度来减少参数的数量，加快训练的速度，同时又不会大幅降低预测的准确度。

另外，还值得一提的是，NeuralMF 还可以直接应用 Batch Normalization 等神经网络训练时采用的方法和技术。

6.2.2 附加信息的使用

NeuralMF 还有一些其他的优势。普通的矩阵分解模型只能考虑到用户和商品两个方面的因素，而 NeuralMF 可以很容易地扩展到包含其他附加信息的模型。

在 MovieLens 数据集中，不仅包含用户和电影的信息，同时还包含了每部电影的类型信息。在此，我们可以尝试进行这个附加的类型信息的使用。在将 ml-20m.zip 解压以后所得到的文件目录中，有一个叫 movies 的文件，记载了每部电影的类型信息。具体来说，其格式如下所示。

```
movieId,title,genres
1,Toy Story (1995),Adventure|Animation|Children|➡
Comedy|Fantasy
2,Jumanji (1995),Adventure|Children|Fantasy
3,Grumpier Old Men (1995),Comedy|Romance
```

由此可以看出，每一条数据记录是按照电影 ID、片名和类型的顺序进行排列的，当类型为多个时，则用竖线“|”来隔开。对这种可变长度、包含多个项目的类别数据进行数值化的方法有很多，但由于这里的类型一共只有 24 种，因此就简单地采用 BoW 的方

法来进行。

将分隔的类型数据转换为 BoW

在此，使用了 scikit-learn 的 CountVectorizer 方法，将诸如 A|B|C 这样分隔开的类型数据转换为 BoW，如 List 6.9 所示。

List 6.9 将分隔的类型数据转换为 BoW

In

```
import csv
from sklearn.feature_extraction.text import CountVectorizer

# 使用 csv.DictReader 进行 CSV 文件的读取
# 只选取必要的部分内容
with open("<your_path>/ml-20m/movies.csv") as fp:
    reader = csv.DictReader(fp)          任意指定一个目录
    def parse(d):
        movieId = int(d["movieId"])
        genres = d["genres"]
        return movieId, genres
    data = [parse(d) for d in reader]

movieIds = [x[0] for x in data]
genres = [x[1] for x in data]

# 通过 CountVectorizer 的训练进行数据拟合
cv = CountVectorizer(dtype="f4").fit(genres)
num_genres = len(cv.get_feature_names())

# 以 movieId 为 key，通过相应的 value 构建 BoW 的 Tensor dict
it = cv.transform(genres).toarray()
it = (torch.tensor(g, dtype=torch.float32) for g in it)
genre_dict = dict(zip(movieIds, it))
```

自定义 Dataset 的构建

通过 List 6.9 我们已经构建了一个类型的词典，利用这个词典，我们可以通过输入电影 ID 来获取电影的类型。接下来，进行一个自定义 Dataset 的构建，该 Dataset 将返回该类型的 BoW 以及用户 ID 和电影 ID，如 List 6.10 所示。

通过构造函数传递类型词典，以便在进行元素获取时，就会通过电影 ID 得到相应类型的 BoW，并与电影 ID 一起返回。

List 6.10 自定义 Dataset 的构建

In

```
def first(xs):
    it = iter(xs)
    return next(it)

class MovieLensDataset(Dataset):
    def __init__(self, x, y, genres):
        assert len(x) == len(y)
        self.x = x
        self.y = y
        self.genres = genres

        当 movieId 不在类型词典中时的虚拟数据
        self.null_genre = torch.zeros_like(
            first(genres.values()))

    def __len__(self):
        return len(self.x)

    def __getitem__(self, idx):
        x = self.x[idx]
        y = self.y[idx]
        # x = (userId, movieId)
        movieId = x[1]
        g = self.genres.get(movieId, self.null_genre)
        return x, y, g
```

DataLoader 的构建

至此，MovieLensDataset 已经准备完毕，下面让我们着手进行 DataLoader 的实际构建，如 List 6.11 所示。

List 6.11 DataLoader 的构建

In

```
train_dataset = MovieLensDataset(
    torch.tensor(train_X, dtype=torch.int64),
    torch.tensor(train_Y, dtype=torch.float32),
    genre_dict)
test_dataset = MovieLensDataset(
    torch.tensor(test_X, dtype=torch.int64),
```

0 1 2 3 4 5 6 7 A B 推荐系统和矩阵分解

```
    torch.tensor(test_Y, dtype=torch.float32),
    genre_dict)
train_loader = DataLoader(
    train_dataset, batch_size=1024, shuffle=True, ➡
num_workers=4)
test_loader = DataLoader(
    test_dataset, batch_size=1024, num_workers=4)
```

◎ 网络模型的构建

接下来，进行一个使用此类型信息的网络模型 NeuralMatrixFactorization2 的构建，如 List 6.12 所示。与 6.2.1 节中所介绍的神经网络矩阵分解的不同之处在于，该模型将类型 BoW 的维添加到了 MLP 层中第一个 Linear 的输入维中，并且将类型 BoW 也作为 forward 的参数进行传递，同时在网络模型内部将用户特征向量和商品特征向量结合在一起了。

List 6.12 网络模型的构建

In

```
class NeuralMatrixFactorization2(nn.Module):
    def __init__(self, max_user, max_item, num_genres,
                 user_k=10, item_k=10, hidden_dim=50):
        super().__init__()
        self.user_emb = nn.Embedding(max_user, user_k, 0)
        self.item_emb = nn.Embedding(max_item, item_k, 0)
        self.mlp = nn.Sequential(
            # 只增加 num_genres 部分的维
            nn.Linear(user_k + item_k + num_genres, ➡
hidden_dim),
            nn.ReLU(),
            nn.BatchNorm1d(hidden_dim),
            nn.Linear(hidden_dim, hidden_dim),
            nn.ReLU(),
            nn.BatchNorm1d(hidden_dim),
            nn.Linear(hidden_dim, 1)
        )

    def forward(self, x, g):
        user_idx = x[:, 0]
        item_idx = x[:, 1]
        user_feature = self.user_emb(user_idx)
        item_feature = self.item_emb(item_idx)
```

```
        # 在 cat 中将类型的 BoW 与特征向量相结合
        out = torch.cat([user_feature, item_feature, g], 1)
        out = self.mlp(out)
        out = nn.functional.sigmoid(out) * 5
        return out.squeeze()
```

○ 助手函数的修改

在此，由于 DataLoader 返回的变量形状发生了一些变化，因此也需要对评价助手的函数稍微进行相应的修改，如 List 6.13 所示。

List 6.13 助手函数的修改

In

```
def eval_net(net, loader, score_fn=nn.functional. ➡
l1_loss, device="cpu"):
    ys = []
    ypreds = []
    # Loader 也会返回类型的 BoW
    for x, y, g in loader:
        x = x.to(device)
        g = g.to(device)
        ys.append(y)
        # 除 userId、movieId 以外
        # 类型的 BoW 也传递给网络函数
        with torch.no_grad():
            ypred = net(x, g).to("cpu")
        ypreds.append(ypred)
    score = score_fn(torch.cat(ys).squeeze(), ➡
torch.cat(ypreds))
    return score
```

○ 训练部分的构建

至此，准备工作已经全部完成，可以开始进行训练了，如 List 6.14 所示。需要注意的是，train_loader 也会返回该类型的 BoW。

List 6.14 训练部分的构建

In

```
net = NeuralMatrixFactorization2(
    max_user+1, max_item+1, num_genres)
```

```
opt = optim.Adam(net.parameters(), lr=0.01)
loss_f = nn.MSELoss()

net.to("cuda:0")
for epoch in range(5):
    loss_log = []
    net.train()
    for x, y, g in tqdm.tqdm(train_loader):
        x = x.to("cuda:0")
        y = y.to("cuda:0")
        g = g.to("cuda:0")
        o = net(x, g)
        loss = loss_f(o, y.view(-1))
        net.zero_grad()
        loss.backward()
        opt.step()
        loss_log.append(loss.item())
    net.eval()
    test_score = eval_net(net, test_loader, ➡
device="cuda:0")
    print(epoch, mean(loss_log), test_score.item(), ➡
flush=True)
```

Out

```
0 0.7065280483494481 0.6462
1 0.6938810969105664 0.6383
2 0.6711728837724852 0.6307
3 0.6565303146869658 0.6268
3 0.6565303146869658 0.6268
4 0.6377939984445665 0.6172
```

由上述结果可以看出，在经过 5 个 epoch 的循环迭代优化后，模型的 MAE 降低到了 0.62 以下，相比于 NeuralMF 准确度略有提高。通过类型信息的添加，不仅提高了模型的预测准确度，还可以仅仅根据用户 ID 和类型信息进行影片的推荐。也就是说，可以实现数据集中原本没有的商品（电影）的评分计算。当然，在这种情况下，预测准确度会有所下降。但是，其优点在于，对于那些还没有发售的商品来说，在商品的类型有很高辨识度的情况下，每个用户都能够通过类型信息判断出自己最喜欢这些商品中的哪一款。

例如，如 List 6.15 所示，让我们来计算用户 100 对每种类型的一部电影进行评分的计算。由于存在着一些数据集中没有的电影，因此也没有相应的 ID，所以在此将其 ID 用 0 来表示。这样的话，List 6.12 中 nn.Embidding 的构造函数的第三个参数 padding_idx 即被设置为 0，因此电影的特征向量也都为 0。

List 6.15 用户 100 对每种类型的一部电影的评分计算

In

```
# 返回一个在指定位置为 1，其余位置为 0 的 Tensor 的辅助函数
def make_genre_vector(i, max_len):
    g = torch.zeros(max_len)
    g[i] = 1
    return g

query_genres = [make_genre_vector(i, num_genres)
    for i in range(num_genres)]
query_genres = torch.stack(query_genres, 1)

# num_genres 部分创建并组合一个 userId=100、movieId=0 的 Tensor
query = torch.stack([
    torch.empty(num_genres, dtype=torch.int64).fill_(100),
    torch.empty(num_genres, dtype=torch.int64).fill_(0)
], 1)

# 传递给 GPU
query_genres = query_genres.to("cuda:0")
query = query.to("cuda:0")

# 计算评分
net(query, query_genres)
```

Out

```
tensor([ 3.1709,  3.1712,  3.1704,  3.1711,  3.1683,  ➡
3.1723,  3.1722,
         3.1700,  3.1716,  3.1706,  3.1687,  3.1705,  ➡
3.1723,  3.1697,
         3.1707,  3.1703,  3.1701,  3.1695,  3.1703,  ➡
3.1714,  3.1682,
         3.1691,  3.1707,  3.1708], device='cuda:0')
```

现在，你可以计算未知电影的粗略估计值。

尽管 MovieLens 中未将上述所讨论的商品类型数据包含在数据集中，但是我们仍然可以以相同的方式将属性数据包含在所构建的模型中。如果具有这种包含了类型的数据，则可以进行上述模型的尝试。

6.3 本章小结

在此，对本章所介绍的内容进行总结。

在本章中，我们介绍了使用 PyTorch 通过神经网络进行矩阵分解的方法。虽然这种方法与直接进行的矩阵分解相比要花费更多的时间，但可以通过对用户和商品之间的非线性关系进行建模，获取用户和商品的附加信息，以实现模型的灵活扩展，从而可以构建出预测精度更高的模型。由此也可以发现，除了图像识别和自然语言处理外，PyTorch 还可以应用于许多其他的领域。

第7章

7 应用程序中的嵌入

本章介绍将学习训练过的模型嵌入到实际应用程序中的方法。

主要以模型的 WebAPI 应用为背景，介绍通过 Docker 进行模型的保存、读取以及调试等相关内容和方法。

注意

第 7 章的运行环境

本章所介绍的内容是基于命令行源代码的运行，在 Ubuntu 终端上进行的。并且，所使用的 Ubuntu 系统的版本为 Miniconda。需要注意的是，这些内容不能在 Colaboratory 环境中执行。

7.1 模型的保存和读取

本节介绍模型的保存和读取。将通过 GPU 等设备进行学习训练后的模型转换为 WebAPI，并将其部署到仅具有 CPU 的服务器。在这种情况下，通常会涉及模型的保存和读取。

在神经网络和深度学习中，除了模型的构建和学习训练以外，机器学习模型的保存以便于之后的再应用，也是非常重要的。虽然被称为模型的保存，但除了需要保存模型结构本身以外，还需要保存学习到的模型参数。模型结构本身可以直接通过源代码进行之后的再次利用，而学习的参数则是大量的数值数据，所以必须保存在文件中。

PyTorch 中的模型保存和读取

在 PyTorch 中，可以通过 state_dict 方法以词典的格式进行 Tensor 组参数的检索，并可以使用一个被称为 torch.save 的 pickle 包装函数将其保存到文件中，以实现模型参数的文件保存，如 List 7.1 所示。

另外，pickle_protocol = 4 的设置是在 Python 3.4 之后新增的 pickle 函数的形式。通过该设置可以进行大型对象的有效保存。

List 7.1 模型保存的示例

In

```
# 学习训练后的神经网络模型
net
params = net.state_dict()
# 保存到名为 net.prm 的文件中
torch.save(params, "net.prm", pickle_protocol=4)
```

另一方面，可以通过 torch.load 函数的使用，进行保存参数文件的实际读取，并通过 load_state_dict 方法将其传递给 nn.Module，实现神经网络模型的参数设置，如 List 7.2 所示。

List 7.2 模型读取的示例

In

```
#  net.prm 的读取
params = torch.load("net.prm", map_location="cpu")
net.load_state_dict(params)
```

map_location 被用来指明保存参数读取后将要传输到的目标位置。

例如，如果将通过 GPU 进行学习训练得到的模型参数原样保存，则在下次使用

torch.load 进行读取时，仍然会以 GPU 的形式对参数进行传递和设置，即使读入的目标设备为 CPU。这种情况会使得在没有 GPU 的其他服务器上使用时，就会出现错误。

为了避免这种错误的发生，需要通过 map_location 参数来指定参数读取后的行为。通常可以将一个函数传输至 map_location，通过该函数可以控制数据放置的位置和方式。但是从 PyTorch 0.4 版本开始，只需要进行目标设备名称的编写即可。例如，像 List 7.2 的示例那样，通过设置 map_ location = “ cpu”，则可以实现读取的模型参数在 CPU 存储器中直接展开。

此外，也可以如 List 7.3 所示的那样，在进行参数保存时暂时将模型传输给 CPU。在这种情况下，模型参数即是以 CPU 的形式进行保存的，可以在不指定 map_location 参数的情况下，直接通过 torch.load 顺利实现 CPU 环境下的参数读取。

List 7.3 把参数移动到 CPU 后保存的示例

In

```
# 暂时将模型传递到 CPU
net.cpu()
# 参数保存
params = net.state_dict()
torch.save(params, "net.prm", pickle_protocol=4)
```

7.2 使用 Flask 的 WebAPI

本节将介绍如何通过在 PyTorch 中学习训练的模型，进行相应的 WebAPI 应用的创建。

在进行 Web 应用程序（如 WebAPI）的开发和运行时，需要两个方面的应用支持，一个是应用程序开发环境，另一个是应用程序服务器（参见要点提示）。

应用程序开发环境也是一个程序库，在该开发环境下可以轻松编写 Web 应用程序中实际执行的各种处理和动作。应用程序服务器通过 HTTP 等方法接收来自客户端的服务请求，根据服务请求的要求在服务器的 Web 应用程序中进行相应功能的调用，从而对客户端的服务请求进行响应和相应的处理，并将处理结果以 HTTP 等方式返回给客户端。

在 Python 程序中，为 WebAPI 的应用制定了 WSGI（Web Server Gateway Interface，Web 服务器网关接口）的应用程序接口，只要应用程序开发环境和应用程序服务器都遵循 WSGI 应用程序接口的规定，就可以任意组合或形式通过该接口实现客户端程序和服务器程序的信息交换。在本节的介绍中，作为实际的开发环境，前端程序的开发采用 Flask 进行（见图 7.1），服务器的开发采用 Gunicorn（见图 7.2）进行。

在此进行的基本流程是创建一个包含 PyTorch 模型的 Flask WSGI 应用程序，并在 Gunicorn 上运行。这里将以第 4 章中构建的墨西哥卷饼和墨西哥玉米煎饼的分类模型为例进行介绍。

overview // docs // community // extensions // donate

Flask is a microframework for Python based on Werkzeug, Jinja 2 and good intentions. And before you ask: It's BSD licensed!

Flask is Fun　　*Latest Version: 1.0.2*

图 7.1 Flask 开发环境

- Flask web development, one drop at a time
  网址 http://flask.pocoo.org/

- Gunicorn
  网址 http://gunicorn.org/

图 7.2 Gunicorn 开发环境

要点提示

前端应用程序和服务器应用程序的开发

近年来，有很多程序设计语言本身也内置了应用程序服务器的实例，如 Node.js 和 Golang 等。

所使用的文件目录结构如图 7.3 所示。

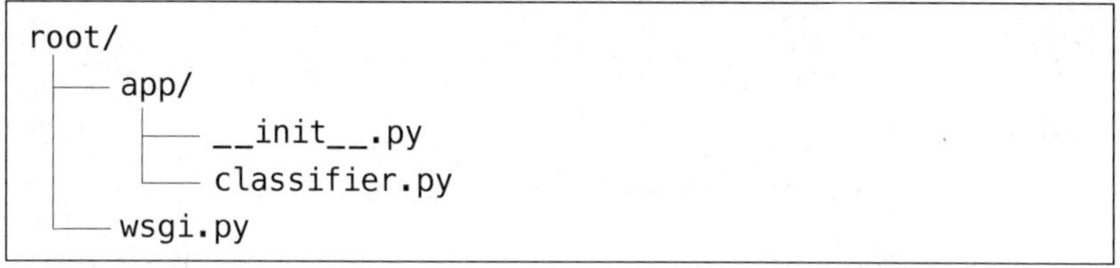
```
root/
├── app/
│   ├── __init__.py
│   └── classifier.py
└── wsgi.py
```

图 7.3 文件目录结构

包装类的创建

首先，我们创建一个包含 PyTorch 模型的类，以便于使用。

如 List 7.4 所示，在 classifier.py 中进行的是网络生成函数的创建。如 List 7.5 所示，为进行类定义的代码。

List 7.4 classifier.py（网络生成函数）

```
# classifier.py
from torch import nn
from torchvision import transforms, models


def create_network():
    # 读取 resnet18
    # 因为稍后会进行参数的设置，所以不需要进行 pretrained=True 的设置
    net = models.resnet18()

    # 将最后一层替换成具有两个输出的线性层
    fc_input_dim = net.fc.in_features
    net.fc = nn.Linear(fc_input_dim, 2)
    return net
```

List 7.5 classifier.py（类的定义）

```
class Classifier(object):
    def __init__(self, params):
        # 分类网络的创建
        self.net = create_network()
        # 一组学习训练好的参数
        self.net.load_state_dict(params)
        # 设为预测模式
        self.net.eval()
        # 将图像调整为 Tensor 函数
        self.transformer = transforms.Compose([
            transforms.CenterCrop(224),
            transforms.ToTensor()
        ])
        # 类 ID 和名称的对应
        self.classes = ["burrito", "taco"]

    def predict(self, img):
        # 调整图像并转换为 Tensor
        x = self.transformer(img)
        # PyTorch 始终进行小批量的处理
        # 因此将 batch 的维度添加到最前面
        x = x.unsqueeze(0)
        # 网络输出的计算
        out = self.net(x)
```

```
        out = out.max(1)[1].item()
        # 返回预测的类名称
        return self.classes[out]
```

其中，create_network 函数以 ResNet18 为基础，进行神经网络的创建，并将网络的最后一层改为具有两个输出的线性层。

在 Classifier 的构造函数中，通过此 create_network 函数进行神经网络的创建，并按照 7.1 节所介绍的那样，通过预先学习的参数对网络进行设置。

由于 ResNet18 网络包含有 Batch Normalization，因此不要忘记使用 eval 方法将网络置于预测模式。另外，通过 torchvision.transforms 方法的使用进行一个函数的创建，该函数可以对 PIL 图像库（参见要点提示）中读取的图像进行调整，并将其转换为 PyTorch 的 Tensor。

predict 方法接收 PIL 的图像，并将其进行调整转换为 Tensor。神经网络以该 Tensor 作为输入，进行相应的类 ID 的预测，最后通过类 ID 返回实际的类名称（burrito 或 taco）。

要点提示

PIL 图像库

通过 pip 等进行安装时，软件包的名称为 pillow。原本有一个被称为 PIL 的图像库，但是因为其开发的停滞，所以被其之后的分支（fork）pillow 而取代，成为了 PIL 的后继产品，而且是作为标准的软件包来应用。

○ Flask 应用程序的创建

接下来，如 List 7.6 所示，通过 _ _init_ _.py 文件中代码的执行，进行一个使用此分类模型的 Flask 应用程序的创建。

List 7.6 _ _init_ _.py

```
# __init__.py
from flask import Flask, request, jsonify
from PIL import Image


def create_app(classifier):
    # Flask 应用程序的生成
    app = Flask(__name__)

    # 定义与 POST/ 对应的函数
```

```
    @app.route("/", methods=["POST"])
    def predict():
        # 获取接收文件的处理程序
        img_file = request.files["img"]

        # 检查文件是否为空
        if img_file.filename == "":
            return "Bad Request", 400

        # 通过 PIL 进行图像文件的加载
        img = Image.open(img_file)

        # 通过分类模型，进行墨西哥卷饼或墨西哥玉米煎饼的预测
        result = classifier.predict(img)

        # 以 JSON 形式返回结果
        return jsonify({
            "result": result
        })

    return app
```

在 Flask 中，首先创建一个 Flask 的实例，然后添加一个信息处理器，以使用 @ app.route 之类的装饰器进行处理。客户端以 multipart/form-data 形式发送的文件存储在一个名为 request.files 的 dict 中。在这里，我将坚持使用名为 img 的键，以利于对文件发送是否正确进行检查。如果文件发送的过程存在问题，则将返回一个 400 Bad Request 的信息。

另外，由于在此仅仅是作为一个示范说明，因此将异常处理部分的内容简化到了最简单的一条语句，在实际应用时可以根据需要进行添加。对于图像文件的读取是通过 PIL 图像库软件包来进行的，也可以利用 scikit-image 和 OpenCV 等来进行图像文件的读取。但是考虑到 torchvision 具有许多编辑 PIL 格式数据的函数，所以在此使用了 PIL 图像库软件包来进行。

最终，把这个图像数据输入到 classifier.predict，用得到的类名称通过 jsonify 函数转换为 JSON 格式，并返回给客户端。

所返回的结果如 List 7.7 所示。

List 7.7 json

```
{
    "result": "burrito"
}
```

接口“wsgi.py”的创建

最后，进行 wsgi.py 文件的创建，并将其作为启动 Gunicorn 的接口，如 List 7.8 所示。需要做的就是读取先期保存的已学习训练的参数，并创建此前所介绍的 Classifier 和 Flask 应用程序即可。如果将参数文件的路径作为环境变量而不是通过参数进行传递，则通过 Gunicorn 命令进行的启动将会变得更加容易，并且在使用 Docker 进行部署时也会很方便。有关这方面的内容随后将进行介绍。使用名为 smart_getenv 的软件包也很方便，因为可以通过默认值的指定轻松实现环境变量的获取。

List 7.8 wsgi.py

```
# wsgi.py
import torch
from smart_getenv import getenv

from app import create_app
from app.classifier import Classifier

# 从环境变量中获取参数文件的路径
prm_file = getenv("PRM_FILE", default="/data/taco_➡
burrito.prm")
# 参数文件的读取
params = torch.load(prm_file,
                    map_location=lambda storage, ➡
loc: storage)
# Classifier 和 Flask 应用程序的创建
classifier = Classifier(params)
app = create_app(classifier)
```

Gunicorn 的启动

至此，所有的准备工作都已经做好，可以进行 Gunicorn 的启动了。在终端上，像下面所示的那样，在 wsgi.py 所处的同一目录中执行以下所示的指令。在执行这些指令之前，请将已学习训练的参数文件以 taco_burrito.prm 的名称保存在同一目录中。该参数文件可以通过 7.1 节介绍的方法从 4.3 节创建的模型中输出，也可以从本书的附属数据下载网站（参照“关于本书样例和样例程序的运行环境”）中获得。

[Ubuntu 终端]

```
$ PRM_FILE=taco_burrito.prm gunicorn \
    --access-logfile - -b 0.0.0.0:8080 \
    -w 4 --preload wsgi:app
```

由于 Gunicorn 具有的设置和参数太多，以至于在这里无法全部解释清楚，因此仅给出了所用到的 5 个设置。

1. --access-logfile-　在标准输出中写入访问日志。
2. -b 0.0.0.0:8080　指定服务器的备用地址和端口。
3. -w 4　4 从 worker（进程）开始。
4. --preload　在启动工作程序之前加载 WSGI 应用程序代码。
5. wsgi:app　指定 wsgi.py 中名为 app 的对象是 WSGI 的接口。

在进行以上操作之后，如果终端显示的内容如下，则表示启动成功。此时可以通过 Ctrl + C 组合键来结束当前的运行。

[Ubuntu终端]

```
[2017-12-28 22:55:07] [20288] [INFO] Starting gunicorn 19.7.1
[2017-12-28 22:55:07] [20288] [INFO] Listening at:
http://0.0.0.0:5000
[2017-12-28 22:55:07] [20288] [INFO] Using worker: sync
[2017-12-28 22:55:07] [20299] [INFO] Booting worker with pid: 20299
[2017-12-28 22:55:07] [20300] [INFO] Booting worker with pid: 20300
[2017-12-28 22:55:07] [20301] [INFO] Booting worker with pid: 20301
[2017-12-28 22:55:07] [20302] [INFO] Booting worker with pid: 20302
```

图像传输的确认

最后，确认是否能将图像发送到 API 服务器进行识别。这里使用 Python 的 HTTPie（参见要点提示）作为 HTTP 客户端。像下面所示的那样，可以通过 multipart/form-data 的形式进行图像文件的发布。通常情况下，服务器的网址应该为 http://127.0.0.1:8080，但在 HTTPie 中可以省略，仅仅写一个“8080”也是可以的，这样就能带来很大的方便。在 <your_path> 中，则需要指定与第 4 章保存墨西哥卷饼和墨西哥玉米煎饼图像相同的任意目录。首先，尝试将墨西哥卷饼的图像输入到 API 中。

要点提示

HTTPie

在此也可以通过 wget 或 curl 来进行替换，但还是建议使用 HTTPie，因为其输出是彩色的且易于查看，并且参数的设计比 curl 更简单易用。你可以使用 pip 或 apt-get 轻松进行安装。

[Ubuntu终端]

```
$ sudo apt install httpie
$ http --form post :8080 img@<your_path>/test/taco/➡
360.jpg                                  任意指定一个目录

HTTP/1.1 200 OK
Connection: close
Content-Length: 23
Content-Type: application/json
Date: Thu, 28 Dec 2017 14:37:56 GMT

Server: gunicorn/19.7.1

{
    "result": "taco"
}
```

通过以上这样的操作，就可以很好地进行图像文件的分类了。接着我们可以尝试进行墨西哥玉米煎饼图像的输入。

[Ubuntu终端]

```
$ http --form post :8080 img@<your_path>/test/burrito/➡
360.jpg                                  指定任意一个目录

HTTP/1.1 200 OK
Connection: close
Content-Length: 26
Content-Type: application/json
Date: Thu, 28 Dec 2017 14:40:47 GMT
Server: gunicorn/19.7.1

{
    "result": "burrito"
}
```

由此可见，同样也实现了图像的正确分类。

7.3 利用 Docker 进行调试

本节面向具有 Docker 基础知识并具有一定 Docker 使用经验的读者。如果你还没有接触过 Docker，则可能需要阅读官方教程（Docker Documentation）(参见要点提示)。

应用程序中的嵌入

要点提示

Docker Documentation

Docker 官方教程（见图 7.4）。

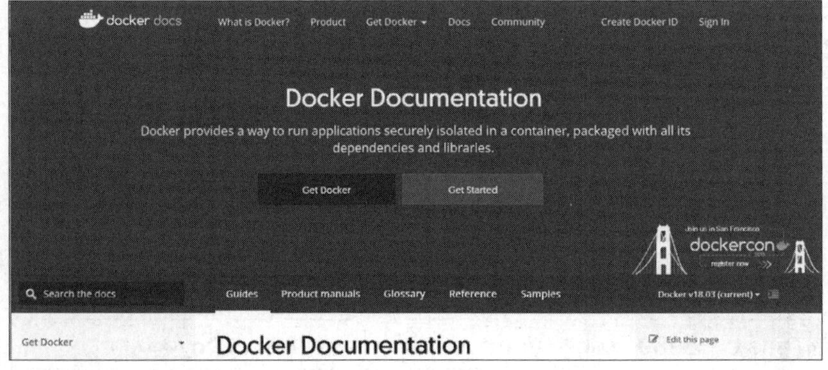

图 7.4 Docker Documentation

- Get Started, Part 1: Orientation and setup
  网址 https://docs.docker.com/get-started/

7.3.1 nvidia-docker 的安装

在 Docker 上使用 PyTorch 的最大障碍是有关 GPU 的支持。对于一个已经经过学习训练的模型来说，采用 CPU 进行模型的运行通常是足够的，但是如果需要对模型进行训练，则还是需要 GPU 的支持。实际上，Docker 是一种虚拟化的技术，因此必须采取某些步骤才能进行 GPU 的使用，但幸运的是，NVIDIA 提供了一个名为 nvidia-docker 的软件包，通过该软件包的使用，用户几乎不再需要考虑任何其他的问题，因此也具有极大的便利性。

在 Ubuntu 16.04 上，你可以按以下方式进行 nvidia-docker 的安装。

首先，进行 apt 存储库和密钥的添加。

[Ubuntu终端]

```
$ curl -s -L https://nvidia.github.io/nvidia-docker/➡
gpgkey | \
sudo apt-key add -
$ curl -s -L https://nvidia.github.io/nvidia-docker/➡
ubuntu16.04/amd64/nvidia-docker.list | \
sudo tee /etc/apt/sources.list.d/nvidia-docker.list
```

其次，进行 apt 软件包列表的更新。

[Ubuntu终端]

```
$ sudo apt-get update
```

然后，进行 nvidia-docker 的安装。

[Ubuntu终端]

```
$ sudo apt-get install -y nvidia-docker2
```

最后，重新启动 docker daemon。

[Ubuntu终端]

```
$ sudo pkill -SIGHUP dockerd
```

7.3.2 PyTorch Docker 映像的创建

接下来，进行 PyTorch Docker 映像的创建。为此，首先需要准备一个包含 PyTorch 的基础映像，然后如 List 7.9 所示的那样准备一个 Dockerfile 并进行构建。该 Dockerfile 是基于 nvidia / cuda：9.0-base 的，该映像也是运行 CUDA 程序的最低配置映像。在这里，我安装的是 Miniconda，并使用 conda 命令进行了 PyTorch 的安装。

List 7.9 Dockerfile

```
FROM nvidia/cuda:9.0-base

# Miniconda 安装所必需的最少软件包
RUN set -ex \
    && deps=' \
        bzip2 \
        ca-certificates \
```

```
        curl \
        libgomp1 \
        libgfortran3 \
    ' \
    && apt-get update \
    && apt-get install -y --no-install-recommends $deps \
    && rm -rf /var/lib/apt/lists/*

ENV PKG_URL https://repo.continuum.io/miniconda/➡
Miniconda3-latest-Linux-x86_64.sh
ENV INSTALLER miniconda.sh

# 安装miniconda
RUN set -ex \
    && curl -kfSL $PKG_URL -o $INSTALLER \
    && chmod 755 $INSTALLER \
    && ./$INSTALLER -b -p /opt/conda3 \
    && rm $INSTALLER

# 将miniconda添加到PATH
ENV PATH /opt/conda3/bin:$PATH

# 安装PyTorch v0.4
ENV PYTORCH_VERSION 0.4

RUN set -ex \
    && pkgs=" \
        pytorch=${PYTORCH_VERSION} \
        torchvision \
    " \
    && conda install -y ${pkgs} -c pytorch \
    && conda clean -i -l -t -y
```

最后，还需要通过命令 conda clean 的执行，进行安装过程中下载的打包文件以及临时文件的删除。特别是 PyTorch 安装包，大约有 500MB，通过上述安装过程中下载的文件包的删除，会大幅度地减小已安装完成的 Docker 映像所占存储空间的大小。

另外，在这里我需要提醒一下，上述 Docker 映像已经在 Docker Hub 中以 lucidfrontier45 / pytorch 的名称进行了注册，因此可以通过以下网址进行提取并执行，也可以将其用作一个基础映像。

- Docker Hub
  网址 https://hub.docker.com/

对于以上所安装的 nvidia-docker、PyTorch 以及 CUDA 等是否可以正常使用，可以通过以下命令的执行来进行确认。

［Ubuntu终端］

```
$ sudo nvidia-docker run -it --rm lucidfrontier45/pytorch \
    python -c "import torch; print(torch.randn(3).to➡
('cuda:0'))"
 (…略…)
tensor([0.2023, -1.0424, -1.2000], device='cuda:0')
```

在此，我们正在使用的是 nvidia-docker 命令，而不是 docker 命令。然后，我们通过 PyTorch 的导入（import）操作，以查看是否可以将 Tensor 传输到 GPU。如果如上例所示的那样，显示 tensor([0.2023, −1.0424, −1.2000], device=‘cuda:0’)，则表示此前所进行的 PyTorch Docker 映像的安装是成功的。

7.3.3 WebAPI 的部署

在此，我们试着通过 Docker 对 7.2 节中创建的 WebAPI 进行实际部署。首先，如图 7.5 所示的那样，新建 requirements.txt 和 Dockerfile 文件目录。

```
root/
  ├── app/
  │     ├── __init__.py
  │     └── classifier.py
  ├── wsgi.py
  ├── requirements.txt
  └── Dockerfile
```

图 7.5 目录结构

在目录 requirements.txt 中，将除 PyTorch 之外所必需的软件包均放入该目录中，如 List 7.10 所示。

List 7.10 requirements.txt

```
smart-getenv
flask
gunicorn
```

先将 List 7.11 所需的文件全部复制到 Dockerfile 中，然后通过 pip 命令进行程序库的安装，最后执行 gunicorn。

List 7.11 Dockerfile

```
FROM lucidfrontier45/pytorch

RUN mkdir /webapp
WORKDIR /webapp

COPY requirements.txt /webapp
RUN pip install --no-cache-dir -r requirements.txt

COPY app /webapp/app

COPY taco_burrito.prm /webapp/
COPY wsgi.py /webapp/

ENV PRM_FILE /webapp/taco_burrito.prm

CMD gunicorn --access-logfile - \
             -b 0.0.0.0:8080 -w 4 \
             --preload wsgi:app
```

接下来，我们将进行模型的构建和运行。需要注意的是，这里不需要 nvidia-docker，你只需部署经过训练的模型即可，而无需进行训练，并且可以使用常规 docker 命令来进行运行。

[Ubuntu终端]

```
$ sudo docker build -t taco-burrito-api .
Successfully built f8e37b726772
Successfully tagged taco-burrito-api:latest
$ sudo docker run -it --rm -p 8080:8080 taco-burrito-api

[2017-12-29 15:49:15] [7] [INFO] Starting gunicorn 19.7.1
[2017-12-29 15:49:15] [7] [INFO] Listening at: http://0.➡
0.0.0:8080
[2017-12-29 15:49:15] [7] [INFO] Using worker: sync
[2017-12-29 15:49:15] [12] [INFO] Booting worker with pid: 12
[2017-12-29 15:49:15] [13] [INFO] Booting worker with pid: 13
[2017-12-29 15:49:15] [14] [INFO] Booting worker with pid: 14
[2017-12-29 15:49:15] [15] [INFO] Booting worker with pid: 15
```

此时，API 服务器已经启动。让我们像以前一样使用 HTTPie 等进行运行状态的查看。其操作过程为，启动另一个终端，然后输入以下命令。

[其他 Ubuntu 终端]

```
$ http --form post :8080 img@<your_path>/test/taco/➡
360.jpg
                                   任意指定一个目录

HTTP/1.1 200 OK
Connection: close
Content-Length: 23
Content-Type: application/json
Date: Thu, 29 Dec 2017 20:03:13 GMT
Server: gunicorn/19.7.1

{
    "result": "taco"
}
```

分类 API 的运行正确，可以使用 Ctrl + C 键进行运行的终止。

7.4 与使用 ONNX 的其他框架的协作

为了实现神经网络模型的通用化，在此介绍一种被称为 ONNX 的神经网络模型通用格式，并尝试通过 ONNX 与另一个被称为 Caffe2 的框架共同执行在 PyTorch 中进行学习和训练的神经网络模型。

7.4.1 什么是 ONNX

如图 7.6 所示，ONNX（Open Neural Network Exchange，开放神经网络交换）是一个主要由 Facebook 和 Microsoft 倡导的共享神经网络模型的最新格式。其目的是为了将在一个框架中创建的 AI 模型转移到另一个框架中，因而 ONNX 也是一种实现神经网络模型通用化的新机制。目前，除了 PyTorch 以外，还有 ONNX 的两个主要倡导者所开发的 Caffe2（Facebook）和 CNTK（Microsoft）框架均支持该格式，亚马逊赞助开发的 MXNet 框架也宣布了对 ONNX 的支持。

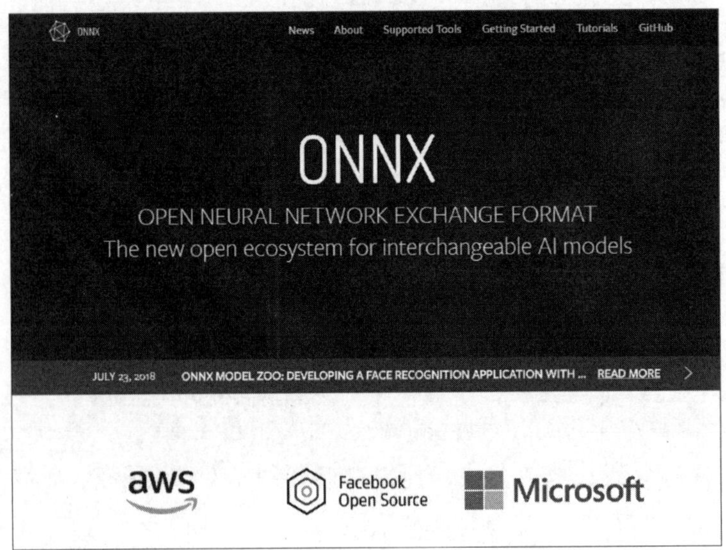

图 7.6 ONNX

- ONNX

  网址 https://onnx.ai/

PyTorch 是 Python 的程序库，由于其自身的特殊性，因此很难在移动终端等设备上进行应用。但是，如果可以通过 ONNX 这种通用格式，使其网络模型能够在基于 C++ 的框架（如 Caffe2 和 MXNet）上进行移植，从而可以将其部署在移动终端等设备上，其应用领域立即就会得到很大的扩展，如图 7.7 所示。

(1)

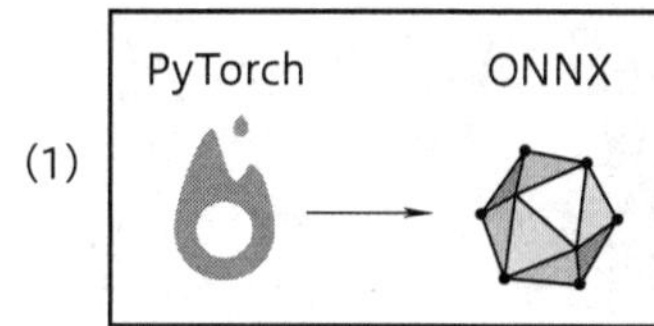

(2)

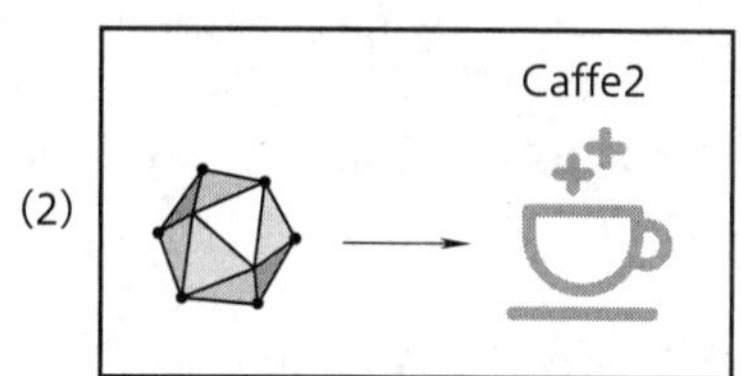

图 7.7 ONNX 的应用程序。(1) 在 Linux 服务器或配备有 GPU 的 PC 上，通过易于使用的框架（如 PyTorch）进行神经网络模型的建立和学习训练，然后将所得到的结果模型导出为 ONNX 格式。(2) 在基于 C/C++ 编写的各种环境中，进行基于 C/C++ 框架（如 Caffe2）的运行，导入上述以 ONNX 格式保存的神经网络模型，并将其作为应用程序在移动终端上运行，使得神经网络模型的应用领域得以扩展

在这里，我们首先通过 PyTorch 框架进行神经网络模型的生成和学习训练，然后将所得到的模型保存为 ONNX 的格式，从而将其移植到 Caffe2 框架下运行。由于 ONNX 是一个非常新的标准，在各个框架之间的对应上还存在着一些差异，但是 PyTorch 和 Caffe2 都是由 Facebook 开发的框架，因此可以期待在两者之间有着比较稳定的运行。

7.4.2 PyTorch 模型的导出

在此，我们将进行 PyTorch 模型到 ONNX 格式的转换。在进行这种转换时，再次使用墨西哥卷饼和墨西哥玉米煎饼的分类模型作为示例。

已学习模型的读取

从这里开始，我们将在 Jupyter Notebook 上运行。

首先，如 List 7.12 所示的那样，进行已学习模型的读取。需要注意的是，请不要忘记将网络模型设为预测模式。

List 7.12 已学习模型的读取

In

```
from torchvision import models

def create_network():
    # 基于 resnet18 的二元分类模型
    net = models.resnet18()
    fc_input_dim = net.fc.in_features
    net.fc = nn.Linear(fc_input_dim, 2)
```

```
    return net

# 模型的生成
net = create_network()

# 参数读取和模型设置
prm = torch.load("taco_burrito.prm", map_location="cpu")
net.load_state_dict(prm)

# 设置为预测模式
net.eval()
```

○ 到 ONNX 的导出

接下来，进行到 ONNX 的导出。由于 PyTorch 使用的是动态计算的神经网络，因此在导出时还需要进行一次实际的网络计算。在这种情况下，没有必要使用实际的图像数据来进行，即使使用维度相同的虚拟数据也是没有问题的。

在这里所进行的示例中，由于图像数据采用的是 224 × 224 像素的三色图像，所以我们使用了包含小批量维度的（1，3，224，224）虚拟数据。具体的转换操作如 List 7.13 所示的那样，需要以参数的形式将要转换的神经网络模型、虚拟数据以及要保存的文件名传递给 torch.onnx.export()。

List 7.13 taco_burrito.onnx 的输出

In

```
import torch.onnx

dummy_data = torch.empty(1, 3, 224, 224, dtype=torch.float32)
torch.onnx.export(net, dummy_data, "taco_burrito.onnx")
```

通过以上操作，我们即完成了 PyTorch 神经网络模型的导出。在进行这种神经网络模型的导出时，ONNX 的限制之一是，当从动态计算模型框架（如 PyTorch）进行导出时，是通过一次模型的计算来完成的，因此，如果模型中存在通过 if 语句等实现的网络分支，则该神经网络将无法正确导出。关于这一点，需要加以注意。

7.4.3 Caffe2 中 ONNX 模型的使用

如果要在 Caffe2 框架中使用上述操作所保存的 ONNX 神经网络模型，则需要通过 ONNX 对象来进行以 ONNX 格式保存的模型的读取。如 List 7.14 所示，在 Caffe2 框架中，需要使用 caffe2.python.onnx 软件包来进行不同框架神经网络模型的转换。

List 7.14 通过 ONNX 的模型导入

In

```
import onnx
from caffe2.python.onnx import backend as caffe2_backend

# ONNX 模型的读取
onnx_model = onnx.load("taco_burrito.onnx")

# 将 ONNX 模型转换为 Caffe2 模型
backend = caffe2_backend.prepare(onnx_model)
```

在完成了上述神经网络模型的不同框架转换之后，以 NumPy 的 ndarray 形式将图像数据输入给 backend.run，以实现神经网络在新的模型框架中的计算。在 List 7.15 所示的例子中，确认了原 PyTorch 的模型经由 ONNX 转换后，再通过另一个模型框架 Caffe2 的运行，神经网络模型所得到的结果相同。

List 7.15 PyTorch 模型经由 ONNX 转换到 Caffe2 的运行比较

In

```
from PIL import Image
from torchvision import transforms

# 裁剪图像并将其转换为 Tensor 函数
transform = transforms.Compose([
    transforms.CenterCrop(224),
    transforms.ToTensor()
])

# 图片的加载
img = Image.open("<your_path>/test/burrito/360.jpg")
                  任意指定一个目录
# 转换为 Tensor，并添加小批量的维度
img_tensor = transform(img).unsqueeze(0)
# 转换为 ndarray
img_ndarray = img_tensor.numpy()

# 使用 PyTorch 运行
net(img_tensor)
```

Out

```
tensor([[ 1.1262, -1.8448]])
```

In

```
# 在ONNX/Caffe2上的运行
output = backend.run(img_ndarray)
output[0]
```

Out

```
array([[ 1.126245 , -1.8447802]], dtype=float32)
```

由此可以看出，尽管由于内部实现的差异会导致一些细微的误差，但是所返回的计算结果基本上是相同的。因此，通过以上示例可以看到，通过 PyTorch 创建和学习训练的网络模型，通过 ONNX 转换移植到 Caffe2 框架上后，模型在新框架下也能够正确地运行。

7.4.4 将 ONNX 模型另存为 Caffe2 模型

在前面的例子中，ONNX 模型的执行是将 Caffe2 作为后端来使用的，并且网络的计算本身使用了 ONNX 的 API。与此不同的是如 List 7.16 所示的那样，将神经网络模型转换为纯粹的 Caffe2 框架的模型，从而不再依赖于 ONNX。

List 7.16 独立于 ONNX 的 Caffe2 模型的转换

In

```
from caffe2.python.onnx.backend import Caffe2Backend
init_net, predict_net = \
    Caffe2Backend.onnx_graph_to_caffe2_net(onnx_model)
```

通过 onnx_graph_to_caffe2_net 方法可以进行符合 Caffe2 定义网络（predict_net）和参数（init_net）的生成，同时也可以将两者均保存到文件中，如 List 7.17 所示。

List 7.17 生成的 Caffe2 网络定义和参数的保存

In

```
with open('init_net.pb', "wb") as fopen:
    fopen.write(init_net.SerializeToString())
with open('predict_net.pb', "wb") as fopen:
    fopen.write(predict_net.SerializeToString())
```

通过 ONNX 模型另存为 Caffe2 模型，可以仅使用 Caffe2 API 来进行模型的运行和预测，而不用再依赖 ONNX。由此，不但可以使用 Python 进行模型的构建和学习训练，并且还可以使用 C++ 的 Caffe2 API，将模型部署到 Python 不可用的移动环境中。

尽管超出了本书的范围，但使用 Caffe2 的 Android 演示应用程序（Caffe2-android）(参见要点提示）也已向公众开放，因此有兴趣的读者一定要试一试。

除了 Caffe2 以外，MXNet 也支持 ONNX，并且支持移动通信，所以也可以以 Caffe2 同样的方式进行 MXNet 的应用。

此外，近年来，以高通为代表的移动通信系统 SoC（参见要点提示）也有支持 ONNX 的趋势，因此将来也有可能提供不依赖于这样的框架，而在 OS 层面上使用 ONNX 部署的 API。可以预见，未来一个时期，ONNX 的应用还会不断增长。

要点提示

caffe2-android

- Integrating Caffe2 on iOS/Android
  网址 https://caffe2.ai/docs/mobile-integration.html
- AI Camera Demo and Tutorial
  网址 https://caffe2.ai/docs/AI-Camera-demo-android.html

要点提示

SoC

即片上系统，是将 CPU 以及各种外围芯片集成而成的系统级芯片。

7.5 本章小结

在此，总结本章中介绍的内容。

本章介绍了如何进行经过学习训练的 PyTorch 模型的保存和加载方法，以及使用 Flask 进行 WebAPI 的创建。通过 Docker 的应用，WebAPI 可以不用为神经网络模型开发时的环境构建而烦恼。如果需要在 GPU 上使用 Docker，则应该使用 nvidia-docker。

ONNX 提供了一种在各种不同的神经网络框架之间进行模型共享的机制。通过 ONNX 的应用，可以使用适合于反复试验的框架（如 PyTorch）进行神经网络模型的构建和学习训练，然后将已经学习过的模型部署到带有 ONNX 的框架中，如 Caffe2 和 MXNet 等框架的移动终端，甚至是无法使用 Python 的环境中进行运行和预测。

附　录

附录 A 训练过程的可视化

在这里，我们将介绍如何进行训练过程的可视化，以便将其运用到之前每一章内容所介绍的学习训练中。

A.1 通过 TensorBoard 进行的可视化

在整本书中，学习和训练效果的显示都是通过印刷图形来进行的，因而无法实现实时绘制和实际效果的可视化。TensorFlow 带有一个很棒的可视化工具——TensorBoard。实际上，你可以从 PyTorch 导出相同文件格式的日志，进而通过 TensorBoard 的使用，实现学习和训练过程的可视化。

在实际进行时，你可以使用名为 tensorboardX 的第三方库进行日志的导出，再通过 TensorBoard 实现学习和训练过程的可视化。

TensorBoard 和 tensorboardX 的安装

通过以下操作可以进行 TensorBoard 和 tensorboardX 的安装。

[Ubuntu终端]

```
$ pip install tensorflow tensorboard tensorboardX
```

tensorboardX 的应用

tensorboardX 非常容易使用。创建一个名为 SummaryWriter 的类的实例，并使用诸如 add_scalar 之类的方法写入要记录的值。日志将需要记录的值写入创建 SummaryWriter 时指定的输出目录中，因此按如下所示的操作，指定该目录并启动 TensorBoard 即可。

[Ubuntu终端]

```
$ tensorboard --logdir <log_dir>
```

指定的目录

通过 Web 浏览器查看

在默认情况下，Web 服务器在端口 6006 上启动，因此请在浏览器中打开 http://localhost:6006/ 即可进行查看。

以下让我们以第 4 章中的 Fashion-MNIST（4.2 节）为例，尝试进行其学习训练过程的可视化。

首先，如 List A.1 所示，将 List 4.3 中的 train_net 进行改写。

List A.1 train_net 函数的创建

In

```
# 评估助手函数
 (…略…)
# 训练助手函数
def train_net(net, train_loader, test_loader,
              optimizer_cls=optim.Adam,
              loss_fn=nn.CrossEntropyLoss(),
              n_iter=10, device="cpu", writer=None):
    train_losses = []
    train_acc = []
    val_acc = []
    optimizer = optimizer_cls(net.parameters())
    for epoch in range(n_iter):
      running_loss = 0.0
        # 将网络设置为训练模式
        net.train()
        n = 0
        n_acc = 0
        # 由于该过程需要非常长的时间，因此使用 tqdm 调出进度条
        for i, (xx, yy) in tqdm.tqdm(enumerate(train_➡
loader),
            total=len(train_loader)):
            xx = xx.to(device)
            yy = yy.to(device)
            h = net(xx)
            loss = loss_fn(h, yy)
            optimizer.zero_grad()
            loss.backward()
            optimizer.step()
            running_loss += loss.item()
            n += len(xx)
            _, y_pred = h.max(1)
            n_acc += (yy == y_pred).float().sum().item()
        train_losses.append(running_loss / i)
        # 训练数据的预测准确度
        train_acc.append(n_acc / n)
        # 验证数据的预测准确度
        val_acc.append(eval_net(net, test_loader, ➡
device))
        # 当前 epoch 的结果显示
        print(epoch, train_losses[-1], train_acc[-1], ➡
```

```
val_acc[-1], flush=True)
        if writer is not None:
            writer.add_scalar('train_loss', train_➡
losses[-1], epoch)
            writer.add_scalars('accuracy', {
                "train": train_acc[-1],
                "validation": val_acc[-1]
            }, epoch)
```

该函数的最后一个参数是 SummaryWriter 对象。在每个 epoch 循环的结尾部分，使用 add_scalar 和 add_scalars 方法进行日志的写入。其中，add_scalars 是一种将多个值输出到同一张图的方法。

然后，当在进行实际学习训练时，如 List A.2 所示的那样，首先创建一个 SummaryWriter 实例，并将其传递给 train_net。

在 List A.2 所示的示例中，将日志输出到 /tmp/cnn 的目录下。

List A.2 日志的输出

In

```
from tensorboardX import SummaryWriter

# SummaryWriter的构建
writer = SummaryWriter("/tmp/cnn")

# 训练的进行
net.to("cuda:0")
train_net(net, train_loader, test_loader, n_iter=20, ➡
device="cuda:0", writer=writer)
```

在该示例中，学习的构建以及训练的过程是按照 List 4.1 → List 4.2 → List A.1 的顺序进行的，在此对 List 4.3 进行了一些修改，使其最终变为了 List A.2。在确认已经在 / tmp / cnn 中生成了日志文件后，通过如下所示的方法，使用命令启动 TensorBoard，并在浏览器中打开 http://127.0.0.1:6006/，进行学习训练过程的查看，如图 A.1 所示。在执行查看操作之前，你需要通过按 Ctrl + C 键来终止之前刚刚启动的 TensorBoard。

[Ubuntu终端]

```
$ tensorboard --logdir /tmp/cnn
```

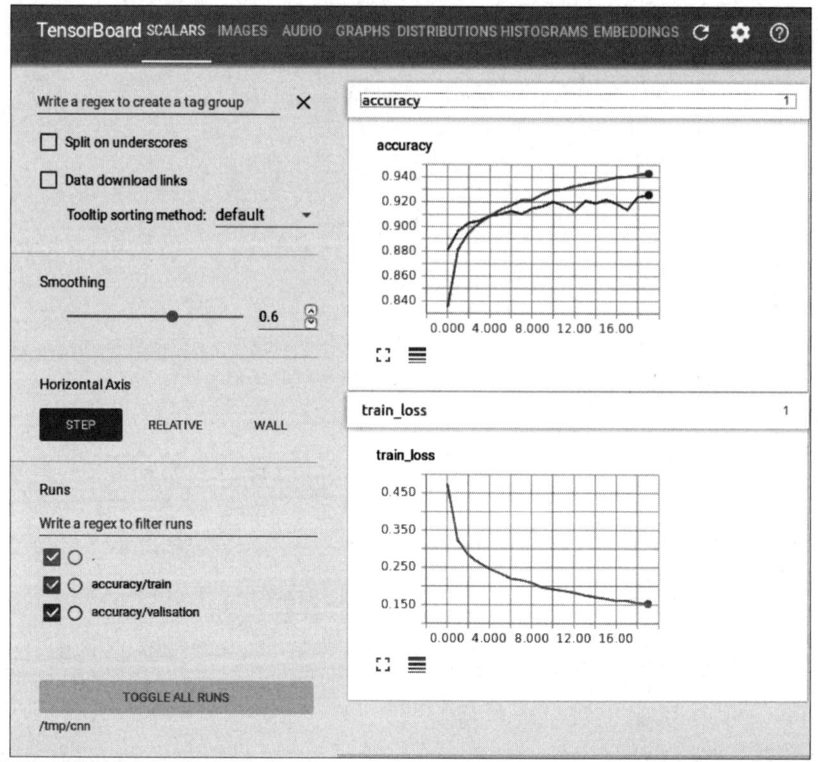

图 A.1 训练的可视化

有关 tensorboardX API 的详细信息，请参阅以下官方文档。

- tensorboardX
  网址 http://tensorboard-pytorch.readthedocs.io/en/latest/tensorboard.html

附录 B

B Colaboratory 下 PyTorch 开发环境的构建

在这里，我们将介绍 Google 公司提供的免费开发环境“Colaboratory”。

B.1 Colaboratory 下 PyTorch 开发环境的构建方法

在此，将介绍如何使用 Colaboratory 进行 PyTorch 开发环境的构建。

B.1.1 什么是 Colaboratory

Colaboratory 是 Google 公司发布的一项网络服务，就像 Jupyter Notebook 的云环境一样，可以免费使用。ipynb 文件存储在 Google 云端硬盘 Google Drive 中，也可以像 Google 文档（Google Docs）一样共享。Colaboratory 还提供了一个免费的 GPU，被称为 NVIDIA Tesla K80，因此，即使在没有配置 GPU 的机器上，也可以进行深度学习的体验。

B.1.2 机器的配置

在撰写本书时（截至 2018 年 8 月），所使用的机器配置如下：

- CPU：Intel Xeon 2.3GHz 双核
- 内存：13GB
- 硬盘：40GB
- GPU：NVIDIA Tesla K80
- 操作系统：Ubuntu 17.10

具有上述规格的虚拟机最多可以连续使用 12h。

需要注意的是，如果连续使用超过 12h，或空闲 90min 或更长时间，则虚拟机将被删除，所有数据将被破坏。

B.1.3 PyTorch 环境的构建

Colaboratory 的网址如下，你可以通过 Web 浏览器进行访问，从而进行 Colaboratory 的打开。在此过程中，你还需要使用 Google 账户进行登录，所以如果你没有 Google 账户，就需要提前创建一个。

- Colaboratory
  网址 https://colab.research.google.com

GPU 环境的设置

当你在访问上述 Colaboratory 网址时，屏幕上将出现如图 B.1 所示的页面，此时可以单击“取消”按钮来继续进行浏览。

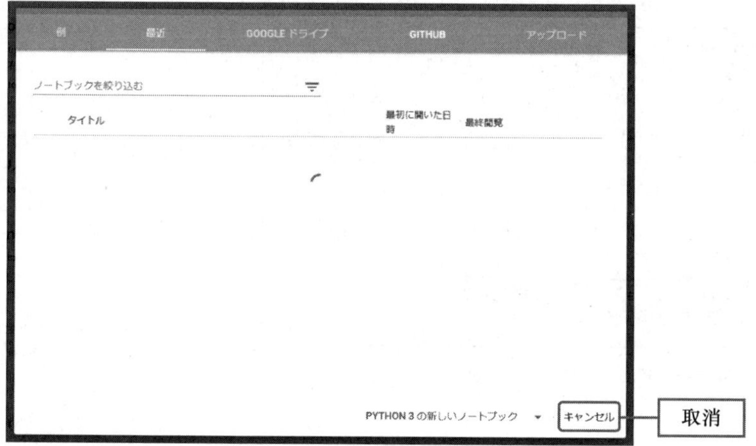

图 B.1 单击“取消”按钮

然后，需要从主菜单中选择“文件”（见图 B.2 ❶），再在弹出的子菜单中选择“New Python 3 Notebook”（见图 B.2 ❷），新建 Python 3 笔记本文件。

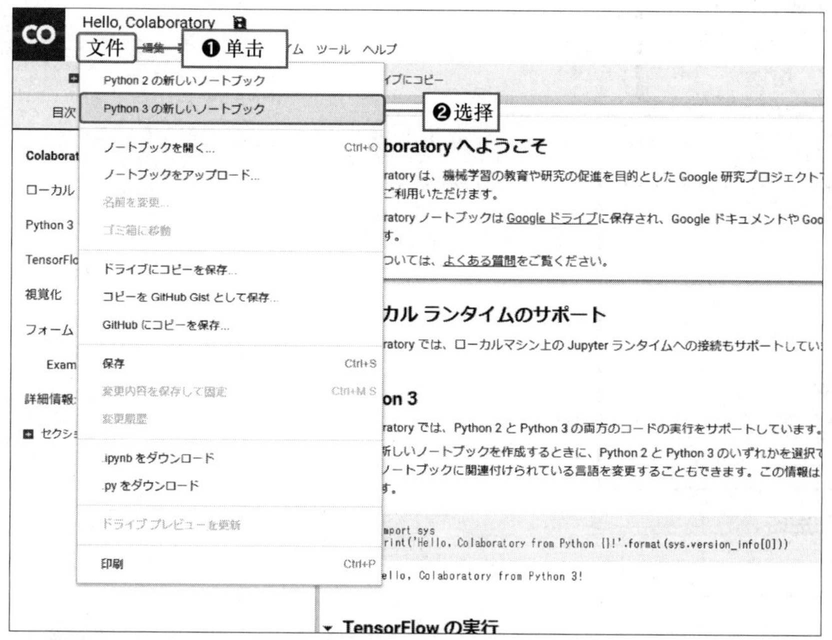

图 B.2 选择“New Python 3 Notebook”

接下来，在 Select 菜单中选择“运行系统”的类型（见图 B.3 ❶），然后选择“更改运行系统类型”（见图 B.3 ❷）。

在选择了“更改运行系统类型”时会弹出笔记本设置对话框。在该对话框中单击“硬件加速器”中的“▼”按钮（见图 B.4 ❶），然后选择“GPU”选项（见图 B.4 ❷）。

在完成了上述一系列选项后，单击“保存”按钮进行设置的保存（见图 B.5）。

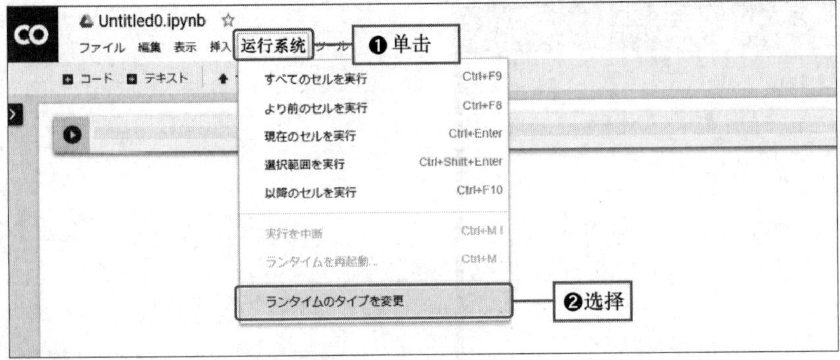

图 B.3 选择“更改运行系统类型”

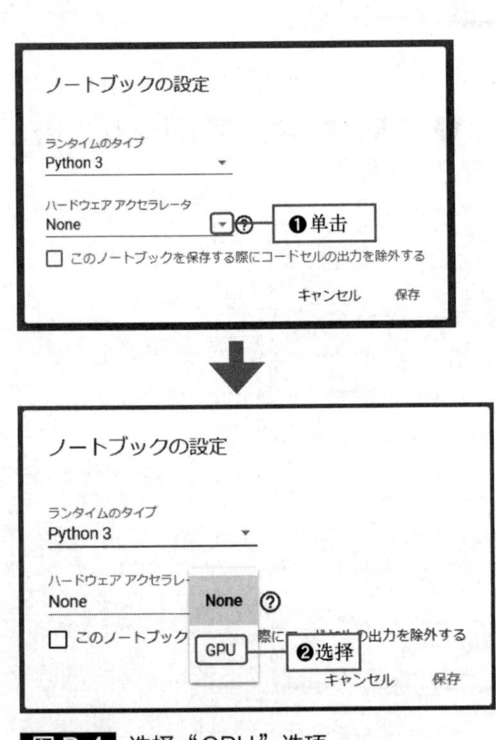

图 B.4 选择“GPU”选项

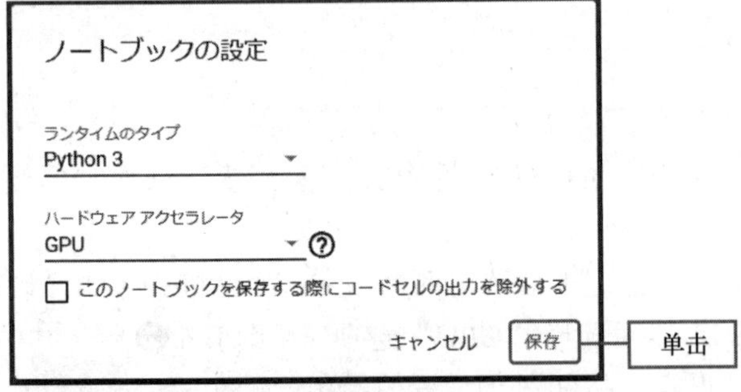

图 B.5 单击“保存”按钮

代码单元的创建和执行

如图 B.6 所示，首先从主菜单中选择“插入”选项（见图 B.6 ❶），然后在弹出的选项列表中选择“代码单元”（见图 B.6 ❷）。

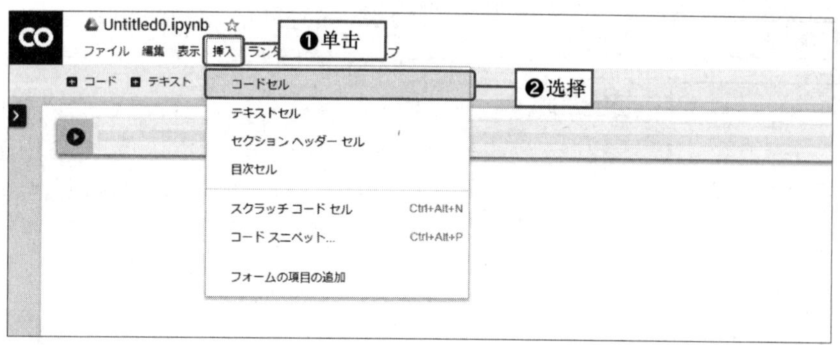

图 B.6 选择“代码单元”

如图 B.7 所示的页面显示，已经添加了一个代码输入单元。

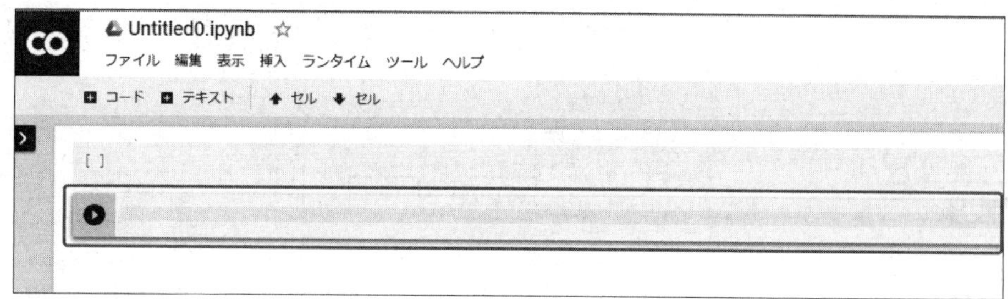

图 B.7 代码输入单元已添加

在该页面下，可以进行代码的输入（见图 B.8 ❶）和执行（单击“▶”按钮，见图 B.8 ❷），并将输出显示在其下的列表中（见图 B.8 ❸）。

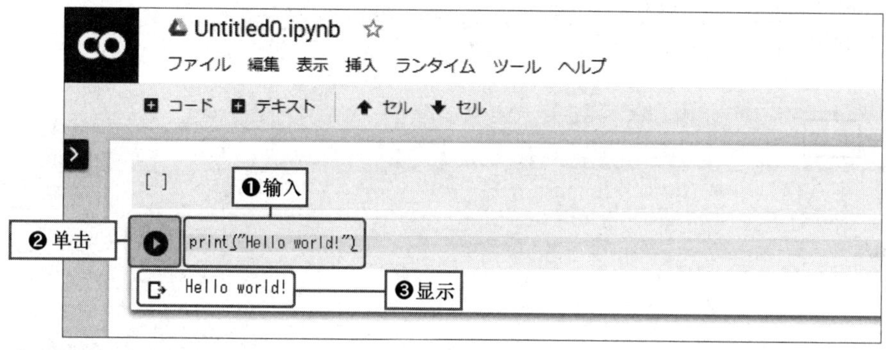

图 B.8 代码的输入和执行

● 文本的输入

如图 B.9 所示，首先从主菜单中选择“插入”选项（见图 B.9 ❶），然后在弹出的选项列表中选择“文本单元”(见图 B.9 ❷)。

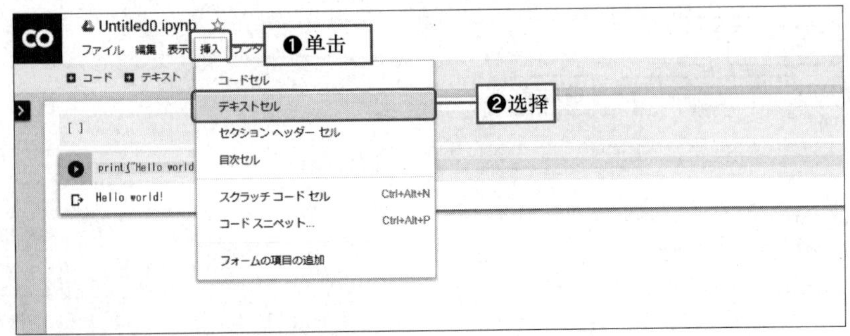

图 B.9 选择“文本单元”

如图 B.10 所示，进行文本的输入。文本输入（见图 B.10 ❶）时，将在右侧显示文本的预览（见图 B.10 ❷）。

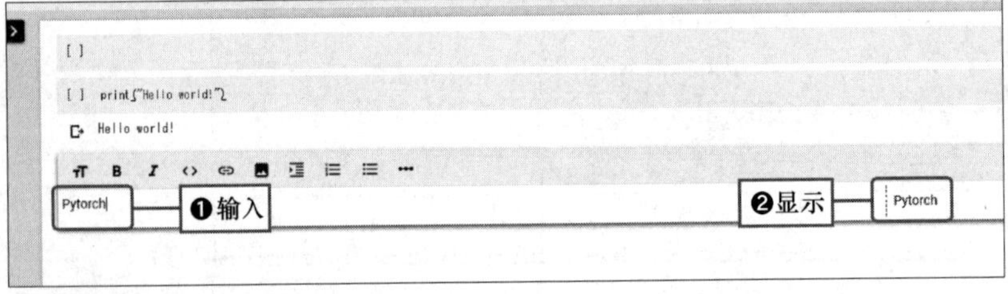

图 B.10 文本的输入

如图 B.11 所示，在文本输入完成后，可通过 Shift + Enter 键进行输入确认。

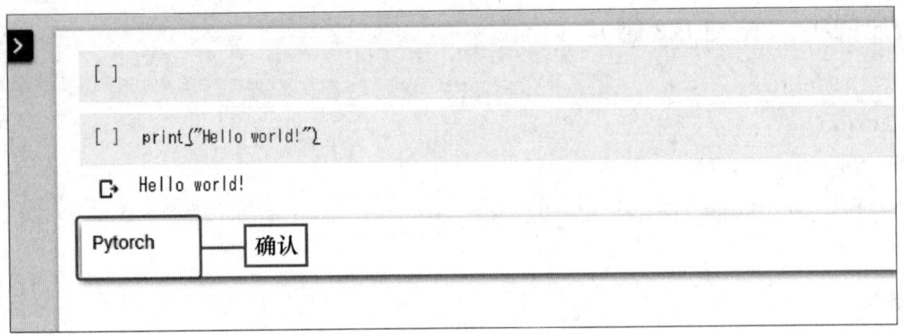

图 B.11 输入确认

● 文件重命名

如图 B.12 所示，单击左上角的“ Untitled0.ipynb”，则文本输入光标将出现在该处的文本中。

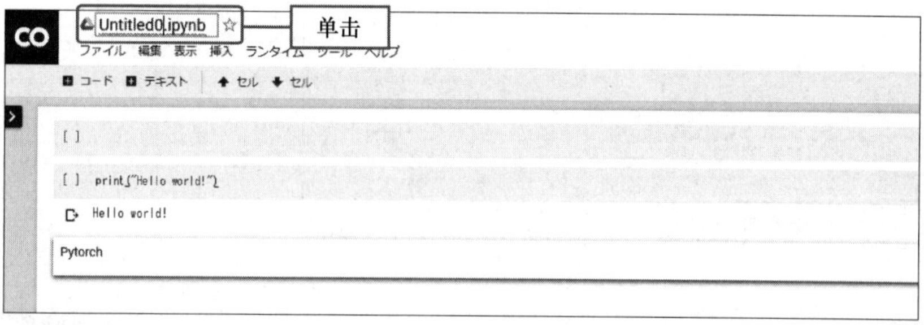

图 B.12 单击左上角的文件名

此时，可以进行新文件名的输入，如图 B.13 所示。在这里进行的是，将“Untitled0.ipynb”更改为“PyTorch.ipynb”。

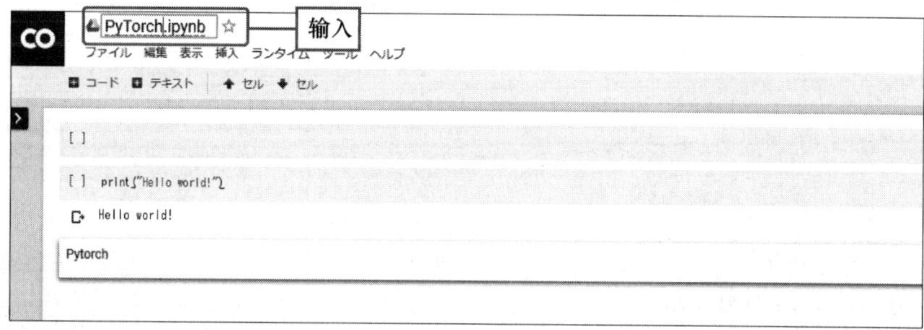

图 B.13 新文件名的输入

对输入的新文件名可以通过 Shift + Enter 键进行确认，如图 B.14 所示。

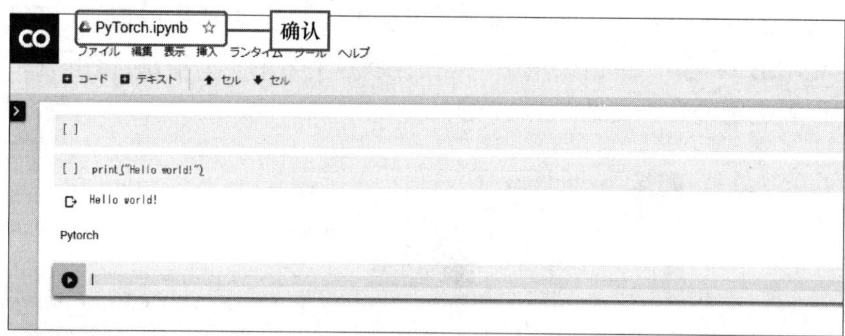

图 B.14 新文件名的确认

便捷的操作

如图 B.15 所示，可以通过单击菜单中“文件”下方的“代码”图标（见图 B.15 ❶），可以便捷地进行代码单元的添加（见图 B.15 ❷）。

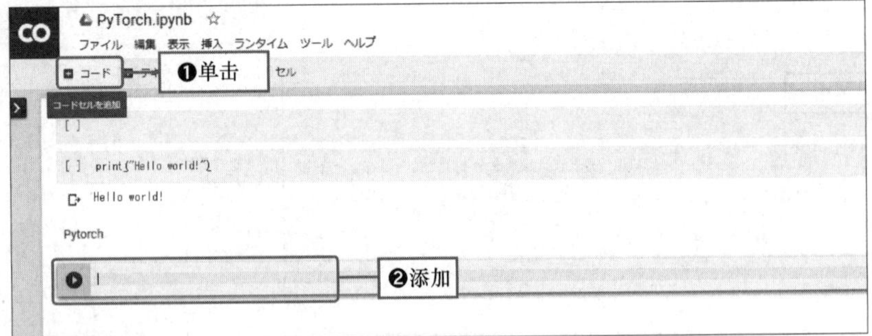

图 B.15 代码单元的添加

如图 B.16 所示，单击菜单中“编辑”下方的“文本”图标（见图 B.16 ❶），可以便捷地进行文本单元的添加（见图 B.16 ❷）。

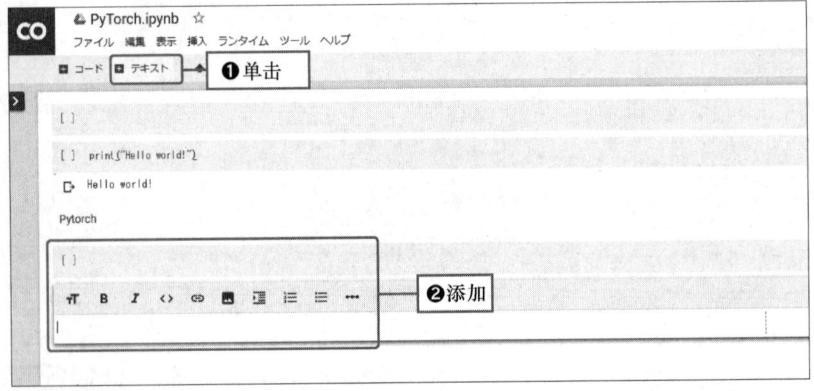

图 B.16 文本单元的添加

如图 B.17 所示，单击菜单中“插入”下方的“↑单元”图标（见图 B.17 ❶），可以向上移动选定的单元（见图 B.17 ❷）。单击菜单中“运行系统”下方的“↓单元”图标（见图 B.17 ❸），可以向下移动选定的单元（见图 B.17 ❹）。

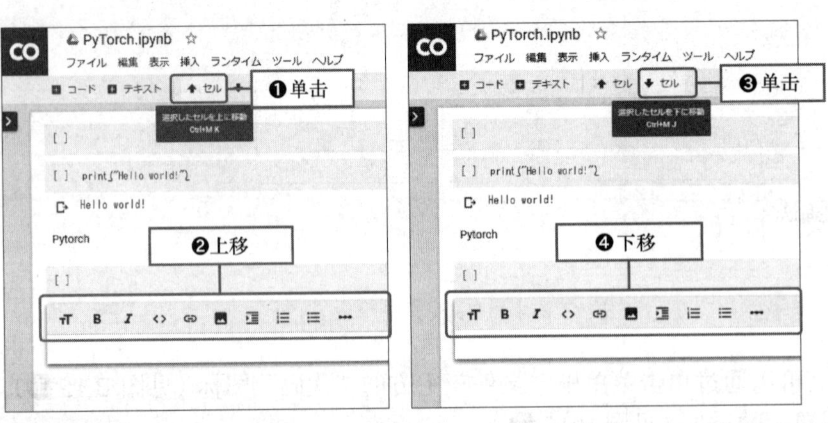

图 B.17 选定单元的移动

B.1.4 PyTorch 的安装

接下来，进行 PyTorch 的安装。在 Colaboratory 中，可以通过前缀“！”的添加来执行 Shell 命令。因此，可以像 List B.1 所示的那样，在代码单元中使用 pip 命令，安装诸如 PyTorch 之类的库。

需要注意的是，由于之前我们已经进行了 NumPy 等的安装，因此在这里我们仅进行如 List B.1 所示的三个文件的安装。

List B.1 PyTorch 的安装

In

```
!pip3 install http://download.pytorch.org/whl/cu80/➡
torch-0.4.0-cp36-cp36m-linux_x86_64.whl
!pip3 install torchvision
!pip3 install tqdm
```

Out

```
Collecting torch==0.4.0 from http://download.pytorch.➡
org/whl/cu80/torch-0.4.0-cp36-cp36m-linux_x86_64.whl
  Downloading http://download.pytorch.org/whl/cu80/➡
torch-0.4.0-cp36-cp36m-linux_x86_64.whl (484.0MB)
    100% |████████████████████████████████| 484.0MB 47.6MB/s
tcmalloc: large alloc 1073750016 bytes == ➡
0x5c2b6000 @  0x7f38e6df81c4
0x46d6a4 0x5fcbcc 0x4c494d 0x54f3c4 0x553aaf 0x54e4c8 ➡
0x54f4f6 0x553aaf 0x54efc1 0x54f24d 0x553aaf 0x54efc1 ➡
0x54f24d 0x553aaf 0x54efc1 0x54f24d 0x551ee0 0x54e4c8 ➡
0x54f4f6 0x553aaf 0x54efc1 0x54f24d 0x551ee0 0x54efc1 ➡
0x54f24d 0x551ee0 0x54e4c8 0x54f4f6 0x553aaf 0x54e4c8
Installing collected packages: torch
Successfully installed torch-0.4.0
Collecting torchvision
  Downloading https://files.pythonhosted.org/packages/➡
ca/0d/f00b2885711e08bd71242ebe7b96561e6f6d01fdb4b9dcf4d➡
37e2e13c5e1/torchvision-0.2.1-py2.py3-none-any.whl (54kB)
    100% |████████████████████████████████| 61kB 5.6MB/s
Collecting pillow>=4.1.1 (from torchvision)
  Downloading https://files.pythonhosted.org/packages/➡
d1/24/f53ff6b61b3d728b90934bddb4f03f8ab584a7f49299bf3bd➡
e56e2952612/Pillow-5.2.0-cp36-cp36m-manylinux1_x86_64.➡
```

```
whl (2.0MB)
    100% |████████████████████████████████| 2.0MB 13.5MB/s
Requirement already satisfied: six in /usr/local/lib/➡
python3.6/dist-packages (from torchvision) (1.11.0)
Requirement already satisfied: torch in /usr/local/lib/➡
python3.6/dist-packages (from torchvision) (0.4.0)
Requirement already satisfied: numpy in /usr/local/lib/➡
python3.6/dist-packages (from torchvision) (1.14.5)
Installing collected packages: pillow, torchvision
  Found existing installation: Pillow 4.0.0
    Uninstalling Pillow-4.0.0:
      Successfully uninstalled Pillow-4.0.0
Successfully installed pillow-5.2.0 torchvision-0.2.1
Collecting tqdm
  Downloading https://files.pythonhosted.org/packages/➡
93/24/6ab1df969db228aed36a648a8959d1027099ce45fad67532b➡
9673d533318/tqdm-4.23.4-py2.py3-none-any.whl (42kB)
    100% |████████████████████████████████| 51kB 5.2MB/s
Installing collected packages: tqdm
Successfully installed tqdm-4.23.4
```

安装完成后，可以从顶部的菜单栏中选择“系统运行”→“重新启动运行系统”，以重新启动 Notebook 的系统运行。之后，可以如 List B.2 所示的那样，在 GPU 上创建一个 Tensor，如果没有问题，则表明安装成功。

List B.2 安装是否成功的确认

In

```
import torch
torch.tensor([1,2,3]).to("cuda:0")
```

Out

```
tensor([ 1,  2,  3], device='cuda:0')
```

B.1.5 数据的获取

如果你需要像诸如第 4 章中进行的那样在 Web 上进行数据的获取，可以使用诸如 wget 之类的命令。例如，可以如 List B.3 所示的那样，获取 4.4 节中使用的人脸数据，并对其进行解压。

List B.3 人脸数据的获取（wget）和解压（mv）

In

```
!wget http://vis-www.cs.umass.edu/lfw/lfw-deepfunneled.tgz
!tar xf lfw-deepfunneled.tgz
!mkdir lfw-deepfunneled/train
!mkdir lfw-deepfunneled/test
!mv lfw-deepfunneled/[A-W]* lfw-deepfunneled/train
!mv lfw-deepfunneled/[X-Z]* lfw-deepfunneled/test
```

Out

```
--2018-07-03 07:58:07--  http://vis-www.cs.umass.edu/➡
lfw/lfw-deepfunneled.tgz
Resolving vis-www.cs.umass.edu (vis-www.cs.umass.edu)➡
... 128.119.244.95
Connecting to vis-www.cs.umass.edu (vis-www.cs.umass.➡
edu)|128.119.244.95|:80... connected.
HTTP request sent, awaiting response... 200 OK
Length: 108761145 (104M) [application/x-gzip]
Saving to: 'lfw-deepfunneled.tgz'

lfw-deepfunneled.tg 100%[===================>] ➡
103.72M  26.9MB/s    in 5.1s

2018-07-03 07:58:12 (20.5 MB/s) - 'lfw-deepfunneled.tgz' ➡
saved [108761145/108761145]
```

此外，如果在之前的安装过程中已经安装了 google.colab.files 模块，则可以如 List B.4 所示的那样进行本地文件的上传（此处上传一个名为 result.txt 的文件），同时也可以如 List B.5 所示的那样进行远程文件的下载（在此进行的是下载已上传的 result.txt）。

List B.4 文件上传

In

```
from google.colab import files

# 在弹出的对话框中选择本地文件并上传

uploaded = files.upload()
```

Out

```
... 选择文件 未选择任何文件 Cancel upload
```

List B.5 文件下载

```
# result.txt 的文件下载
files.download("result.txt")
```

COLUMN

FUSE 的使用

FUSE 的使用稍微有点麻烦，但是也可以通过名为 FUSE 的 Linux 虚拟文件系统驱动程序来进行 Google 云端硬盘的挂载，然后直接将其写入。有关更多的详细信息，请参见图 B.18 所示的 Jupyter Notebook。

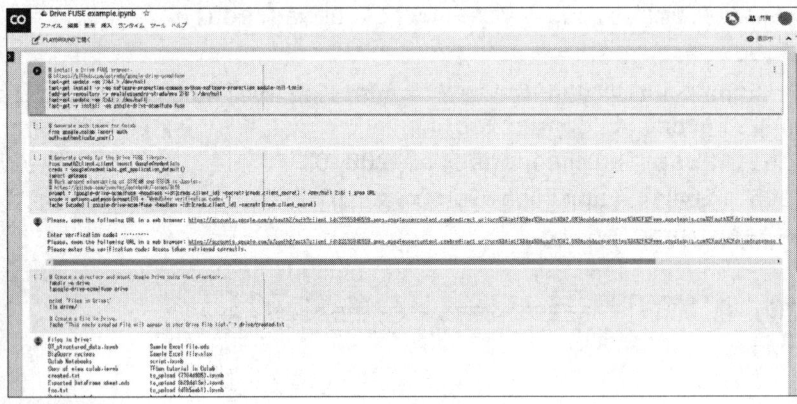

图 B.18 Drive FUSE example.ipynb

网址 https://colab.research.google.com/drive/1srw_HFWQ2SMgmWlawucXfusGzrj1_U0q